ファッション

熊谷伸子　坂野世里奈　芳住邦雄［著］

はしがき

ファッションは、産業の発展、また、人々の生活とりわけその精神面の充足にも欠かせないものです。それがファッションが存在することの大きな使命であります。本書は、女子学生のファッション意識解析へのアプローチをファッション情報の受容と購買行動への誘因の見地から検討することに主眼をおいています。感性で扱われることが多いファッション意識をアンケート調査に基づき、縮約というアプローチで数量化解析を試みています。

「現状より少し上の自分を実現させる服を着たい」。そうした思いがファッションにおける自己実現の欲求です。これは消費者の中に潜在している明日への希望の一つであり、人生を豊かにするものです。それを果たすためには、企業から一方的に発信される情報だけでなく、消費者側に立った情報の仕分けが求められます。消費者主体のファッション情報を定性的に理解するだけでなく、数量的に把握することが重要と考えます。

本書では、多様な女子学生のファッション意識を多次元で取り出し、その後、統計学の手法で次元数低減化、つまり、縮約して可視化や理解を深めることを容易とする表現にしています。具体的な事例を通して女子学生のファッション意識を構成する要因を抽出して取りまとめています。検討の対象は、若年世代の代表的社会階層の一つである女子学生です。

情報化社会における価値観の変化により、アパレル産業もその例外ではなく付加価値の創造が求められる時代となりました。それは顧客のニーズを素早く反映する戦略により実現が出来ると考えられます。アパレル企業に求められることは、本書で示すいくつか事例としてのファッション情報に基づき、消費者の“今”感覚の流行意識を読み取り、付加価値の創造に活用することにあると考えられます。ファッション情報の活用により産業の興隆が促され、社会的な幸福度が増加するとの視点に本書は立っています。ささやかでも本書が社会の発展に寄与することがあれば、私たちにとって望外の喜びです。

2014年12月

目次

第1章　いまさらながら、ファッションを学ぶことの方向性は？ ……… **1**

1. そもそも、ファッションってなに？ …………………………… 1
2. 情報こそ勝ち抜く力の根源！ …………………………… 9
3. ファッションを歴史として押さえておきたい！ …………… 15
4. ビジネスチャンスとの関わりは？ …………………………… 23
参考文献 …………………………………………………… 29

第2章　ファッションって、どう理解していけばいいの？ ……………… **35**

1. 流行の本質はなに？ …………………………………… 35
2. アンケート調査をしてみました …………………………… 36
2-1. 流行意識について …………………………………… 36
2-2. ファッション雑誌におけるアイテムのトレンド ………… 37
3. アンケートの結果から何が判ったの？ ………………… 38
3-1. ファッション行動には、どういう意識が作用してるの？ ………… 38
3-2. 2011年春夏アイテムはどう受け入れられたの？ ………… 40
3-3. 流行意識とファッションアイテムとはどう関わるの？ ………… 43
3-4. ファッション雑誌に流行レベルの推移は見えるの？ ………… 49
4. 追随しながらも差別化が、ファッションの特徴？ ………… 61
参考文献 …………………………………………………… 62

第3章　いろいろなコーディネート、みんなはどう見ているのかしら？ …… **67**

1. ハナコジュニアの着装は自己主張の基本！ ……………… 67
2. アンケート調査をしてみました …………………………… 69
2-1. 着装スタイルの印象について …………………………… 70

2-2. 多数のデータをどうまとめたか？ …… 74
3. アンケートの結果から何が判ったの？ …… 75
3-1. 主成分分析で着装パターンを評価すると？ …… 75
3-2. 着装パターンごとによる主成分の違いは？ …… 77
4. コーディネートで印象が変わることが検証できました！ …… 81
参考文献 …… 83

第4章　お母さんと仲良しの程度はファッションの購買にどう関わるの？ …… 87

1. 今どきの母と娘は？ …… 87
2. アンケート調査をしてみました …… 89
3. アンケートの結果から何が判ったの？ …… 89
3-1. 母娘の買い物行動においての気持ちを数量化すると？ …… 89
3-2. 母娘の日常的親密関係における気持ちを数量化すると？ …… 94
3-3. 母娘の買い物行動と親密関係の因果関係は？ …… 101
4. 仲良しだとモノが売れる！ …… 105
参考文献 …… 106

第5章　最強の学問としての統計学をわが手にするには？ …… 109

1. アンケート調査の規模はどうするのか？ …… 109
2. アンケート結果の数量的扱いに問題がある！ …… 110
参考文献 …… 119

第6章　マーケティングにすぐにも役立つＱ＆Ａ …… 123

あとがき …… 133

第1章
いまさらながら、
ファッションを学ぶことの方向性は？

1. そもそも、ファッションってなに？

流行のこと？　流行っている衣服のこと？

ファッションとは、直接的には、ある時代またはある集団の服飾・礼法・行為などの流行のことですが、一方では、多義的な用語で、流行の物や人、あるいは人気がある物や人をも意味します。狭義には衣服の流行、また、流行している衣服を指します[1)]。本書においてのファッションとは基本的に狭義の流行している衣服、あるいは、人気がある着装を言います。また、衣服とは、人間が身体を部分的あるいは全体的に覆うために着用するものです[1)]。

ファッション情報とは発信者から流行の衣服・着装を通じて受信者に伝達されることにより、知り得た価値のある内容のことと定義されます。ファッション情報は時代により求められているものが常に変化していると言えます。

人間は有史以前から衣服を着装することにより身体への装飾を施し、各個人あるいは各民族の文化的・社会的特徴を表現してきました。人間が衣服を着装する意義は、第1には、身体の保護、生命維持や快適性の確保などの生理的および物理的要因といった自然的側面にあります。第2には、衣服は自己と他者の間においてシンボル性を有しており、それにより非言語情報伝達機能を活用したコミュニケーションに役立つことです[2)]。

古今東西、貧困の時代も富裕の時代も、衣生活は食生活に次いで生活の最も基礎となる条件として受け止められ、衣生活の安定・充実は、生活全体の安定・充実に深く関わってきました[3)]。

立ち返って、人間が衣服を着装する理由を考えてみると、まず、寒暖などの気候の変化に応じて体を保護する、外部の障害物などに傷つけられないように身体を防御する、といった身体保護機能が考えられます。人間は深部体温37℃前後を常時保っていなければ生きて行けません。暑ければ汗を流し、寒ければ身体を小刻みに動かし震えるという生理的な反応まで使って体温を調節しますが、それには限界があり、その対応策として考えられたのが衣服です。人間は暑さ寒さの厳しい自然環境、自然条件に対処するために衣服の着装を始めました。自然的・本能的な欲望に導かれた衣生活の開始です[3,4)]。自然環境の変化には、暑さ、寒さ、雨、風などがあります。そうした自然環境の変化に対応して、衣服は用途に応じるいろいろな形で工夫されてきました[5)]。

衣服はその起源論をひとつとってみても多くの論議がなされてきました[4)]。それは衣服が単に暑さや寒さを防ぐという生理的な機能の他に、多くの複雑で多様な文化的・社会的機能を持っているためです[6)]。

そもそも人間は社会的動物と称されるように他者との人間関係を無視して生きることができない存在です[7,8)]。他者との交わりのうちに生活することを求め、自己の存在をアピールし、相手に認められたいと願う欲望、つまり、社会的欲望を形成し、その充足を図る生活を求める存在です[8-11]。

ファッションの選択、購買、着用などの着装行動に影響を与える要因は多様です。衣服を着装する人間の身体的・心理的要因をはじめ、社会的・文化的要因など様々な要因が考えられます。特に影響力の強い要因の一つが社会的に様々なルートから受け取るファッション情報なのです[12]。

社会的・文化的影響は時代と社会によって異なります。流行の衣服を着装する若者をはじめ多くの人びとが集う都市社会では、ファッションは人びとが自己を表現する手段として、また、生活を楽しむ手段として生活の重要な部分を占めています[13]。衣服を着装することによって人間らしさの回復がもたらされ、欲求への充足感が満たされ、わだかまっている緊張が緩和されます。つまり、雑多に分散している価値観をファッション情報の集積によって統合・均一化し、共通の意識を持つことで行動の連帯性を感じさせる場合もあり得ます[5]。

自己実現の欲求！

現代においては、ファッションは自己実現やライフスタイル向上といった人間の内面の欲求に応えるという重要な機能があります[14]。ファッションアイテムの購入の主な理由として「新しい自己実現への変身欲求」があります[15]。マズロー[16]は人間の欲求を以下の5つに整理し欲求階層説を示しました。①生理的欲求（physiological need）／②安全欲求（safety need）／③所属と愛の欲求（社会的欲求）（love and belonging need/social need）／④自尊欲求（esteem need）／⑤自己実現欲求（self-actualization need）。

これら5つの欲求は階層構造をなしており、低次の欲求が満足されることでその欲求の強度、もしくは重要度が低下し、1段階上位の欲求の強度、もしくは重要度が高まります。衣服を例にとれば、寒さを防ぐのは生理的欲求、清潔な衣服を身にまとうのは安全欲求、属する集団の一員であることを示す制服は社会的欲求、ブランド品を着用してその商品イメージにより自らの価値を連想させようとするものは自尊欲求、個性を主張するのは自己実現欲求と言えます[17)]。現代においては、自己実現欲求は、流行している衣服を着装することによって自己の成長や発展の機会を求め、自己独自の能力の利用や自分が潜在的に有している可能性を求める欲求であるとも言えます[18)]。その各段階においてファッション情報の果たす役割が大きいことは言うまでもありません。

人間社会は多様な要因から構成されており複雑です。その複雑さは、人間が物理的および社会的刺激に対する大いなる感受性をもっており、その行動を条件づけている膨大な心理的・社会的・文化的な属性において解決できない錯綜や混乱を示すことから起因しています[19)]。身体装飾の知識や慣習は、社会システムの中で培われてきたものです。それには必然的に集団における共通意識が反映されており、こうした社会的側面も人間が着装する態様をかたち作る重要な要因となっています。その際には、家族によって形成される意識構造が着装行動に与える影響も少なくないと思われます[8)]。このような複雑に入り組んだ人間の社会行動を解明するためには、ファッション情報の解析が必要です。

これまでのファッション研究

ファッションに関する研究は、古くから社会心理学、人類学、経済学あるいは家政学などの分野で行われ[20-41]、仮説命題や仮説モデルが提案されています。しかし、それらのうちには経験的な範囲にとどまり、検証を経ない論議も散見され、学問的には理論化の達成段階にあるとは言い難いです。また、最近では企業によるマーケティング活動の一環としてファッションに関する市場調査が行われていますが、これらのデータは実態把握に中心がおかれ、理論的な思考や統計学的根拠が不足しているものも少なくないのです[13]。衣服のシルエットやデザイン、好みの変遷を論じた書籍や研究[42,43]は多くありますが、ファッション情報に焦点を絞った研究は十分であるとは言えません。

ファッション情報の歴史的意義あるいはその価値を検討し、感性的に扱われてきたファッション情報をどのように受容しているか数量的にまとめた研究成果は、これまで限定的であると言わざるを得ません。

新しい消費者視点が求められて

現在では消費者のファッションの好みが多種多様になったという要因もあり、企業が多くの情報を発信してもそれが消費者に真直ぐに受け入れられるわけではなく、企業が流行を意図的に仕掛けても必ずしも成功するとは限りません。消費者動向が読みにくい時代となってきています。言わば、経験的なもの、単純な数値的な売上に基づくものだけへの依存では、立ち行かないのです。ファッション情報は複雑化しているので、情報の整理や消費者の現状について明確に分析し定義付けする特段の解く力が求められています[44]。様々なカテゴリーに分散・多様化したその消費者動向の変化にまだ市場が対応しきれていないのです。

一方では、多様化する中でも消費者の意識は必ずしもバラバラではなく、共通意識を統計学的に探り出せる可能性は有り得ます。今まで感性的に扱われ数値化されてこなかったファッション情報をいわゆる「感」に頼らず、消費者からの視点で分析することが重要です。求められているのは消費者側からの視点であるといえます。現在、顧客分析として使われているデータは消費者の購買データ、つまり、何回来店した人が、いつ、何を、いくら買ったかという情報や、性別、年齢層や居住地域などの基本属性です。消費者自身の意識である価値観やライフスタイルといった心理的データをどう活用するかの段階には至っていません。そうしたデータを収集・活用するアプローチの手法は確立されている訳ではないのです。しかし、消費者の価値観、ファッション意識さらにファッション行動は多様化していて一見バラバラに見みえる消費者意識の中にも、共通しているものは必ずあるはずです。本書ではアンケート調査の結果に統計学の手法を適用することで、バラバラな意識の中から共通して存在する意識を探索することにより、消費者の視点で分析する手法を示しています。難しい課題に挑戦します。

マーケティング活動において消費者の実態をつかむために、消費者の意識を数量的に解析し、消費者重視に根ざす情報を発信することは今後のアパレル産業の発展に有効です。自己実現へ向けた消費者ニーズの多様化に適応するように、市場をセグメンテーションするマーケティングが試みら

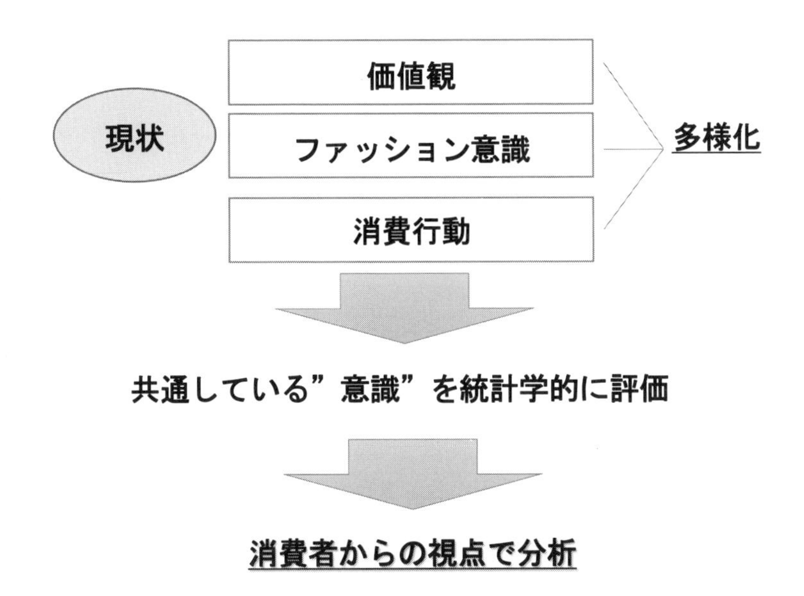

図1-1　求められるのは消費者の視点

れてきました[45]。企業はより狭い範囲の特定の消費者グループを対象に、いかに競争相手より自社の製品やサービスをフィットさせるか、ポジショニングの考えなどを用いながら競っています。それにより、消費者ニーズが実際の商品やサービスを購入しようとするウォンツへと具体化していきます[46]。異質のニーズをもつ消費者が近隣の消費者との相互作用を伴って、同質的な態度をとるようになる、これがファッションの特性です。消費者の態度が進化することで社会全体では少数である異質なセグメントが購買層として成立しうるのです[47]。

本書におけるアンケートは、18〜22歳の女子学生という特定な社会階層を調査対象としています。限定的ともいえる被験者の構成と言わざるを得ません。一方では、市場のセグメンテーションにおいて、より狭い範囲の特定の消費者のグループを対象とする例とも言えます。セグメンテーション戦略としては有効な対象の一例であると言えそうです。ファッション情報をどのように受容しているのか、女子学生に焦点を当て解明しようとしています。つまり、女子学生から見たファッション情報、女子学生のファッション意識、女子学生の購買行動を調査し、感性で扱われることが多いファッション意識についての多様な情報を縮約というアプローチで数量化解析していきます。

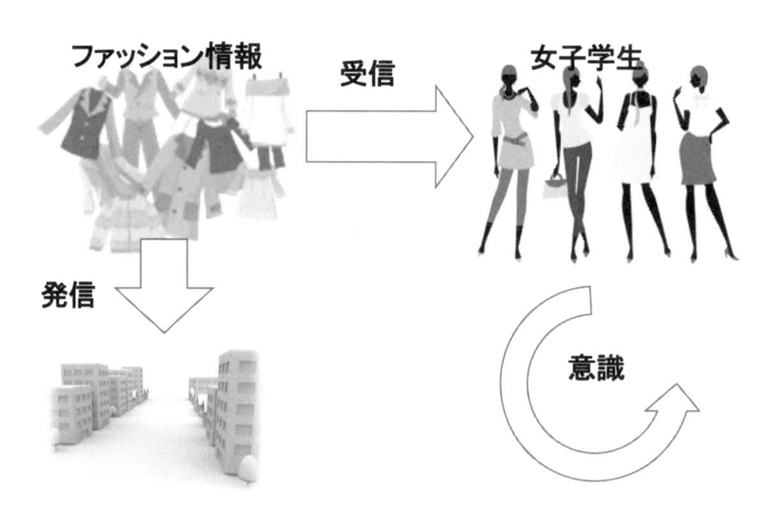

図1-2　女子学生のファッション意識解析

2. 情報こそ勝ち抜く力の根源！

ファッションを情報の一翼として見る！

情報とは発信者から何らかの媒体を通じて受信者に伝達される一定の意味を持つ実質的な内容です[48]。情報には事象、事物、過程、事実などの対象について知り得たこと、また、価値の有ることを知り得たことと言う二つの見方があります[49]。本書では後者に基づいて論述しています。

衣服は日常生活の充足を促す手段に止まらず、人びとの生活に潤いと喜びをもたらす社会的な欲求の充足を図るものへと変化しました[3,50-52]。そうした進展におけるファッション情報の伝達作用の役割は小さくないものと考えられます。

社会的存在としての人間は、仲間集団に同調した衣服を身につけたり、女らしさを強調した装いをしたり、非日常的な思い切ったオシャレをしたりすることなどで、自己のアイデンティティを確認・強化・変容できます。さらに、高級ブランドのファッションを身につけて自己の社会的地位や価値観などのファッション情報を発信します。また、社会的に好ましい外見を作ることで他者との間で社会的相互作用の促進を図ります[13,53]。衣服はアイデンティティに関する情報、人格に関する情報、価値、状況的意味に関する情報など多岐にわたる情報の発信源であるとも言われています[54]。つまり、その人の着装している衣服が他者に対する印象形成に大きな影響を与えるのです[55]。これは衣服が個人の性別や年齢や生活のあり方等の基本属性を表すばかりでなく、個人の内面的な要因や他者を含む外面的な要因により成り立つものだからです[56,57]。たとえば、衣服には以下のような機能があります。

①性的魅力を発揮して異性を引きつけるため—美的自己実現の機能／②権威を示し人を威圧するため—優越的自己誇示の機能／③身体の健康維持のため—身体保全の機能／④行動を円滑にするため—効率化の機能／⑤身体を外的衝撃から守るため—身体防衛の機能／⑥区別を表示するため—能率化の機能／⑦儀礼的表現のため—エチケット的な機能。これらは人間活動に対する作用や、社会生活を円滑に進行するための機能です[5]。

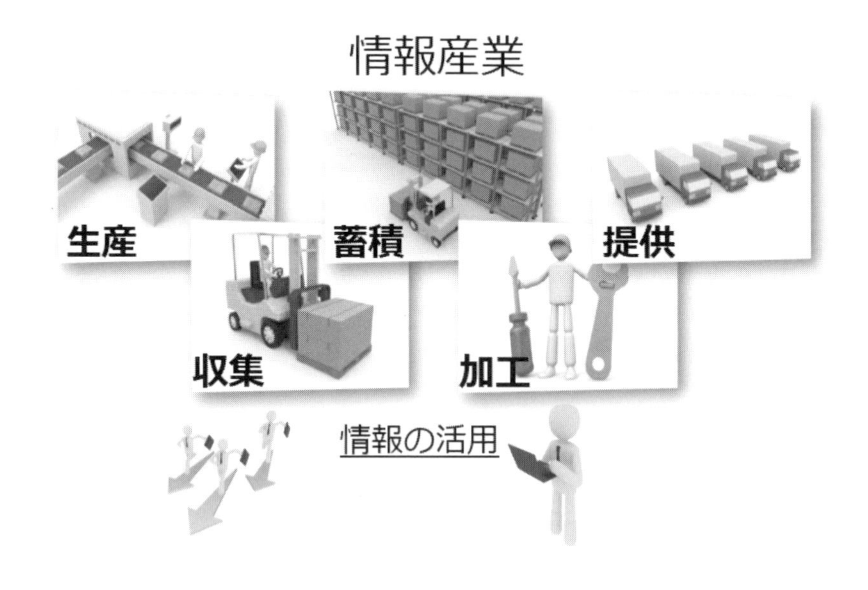

図1-3　情報産業の発展

現代において情報化社会が進む中、ファッション雑誌だけでなく、TV、ストリート、ウェブサイトやブログといった幅広いコンテンツの発信も増えています[58-61]。流行を動かす力のあり方を見るならば、今や消費者・購買層の選ぶ力が流行の主導権を握っていると言えます。その結果として、ファッションの多様化はますます進みます。消費者の選択の基準は、すでに「物質」ではなく「個人の満足感」にあります。この満足感を満たす基準が多様化し、さらにファッションの多様化に拍車がかかります。

社会の情報化により、情報に価値が認められるようになりました。つまり、情報が経済活動の中核となり、情報を扱う情報産業が盛んになりました。ソフトウェア、著作権、コンサルティングなどもその一例と言えます。工業化社会では効率化に価値観があり、単位時間にどれだけ同じ品質のものを大量に生産できるかが問われてきました。一方、情報化社会では、ものづくりの付加価値を競う社会であり、新しい情報価値をいち早く見出し、具体化できるかが問われます。特に情報の取り込みと評価、決定の質とスピードが問われます。情報は集めるだけでは意味が無く、使いこなしてこそ価値が生じると言えます。

ファッション情報発信にこそ価値がある！

用語としてのファッション情報はこれまでにも広く使われています。1988年に文化学園が所蔵の服飾データを整理するために凸版（株）と「ファッション情報システム」を開発すると報じられています[62]。これに関連して大沼[63]は、1994年に「ファッション情報発信基地をめざして―国際化と日本文化を考える―（私の教育論）」との論考を発表しています。

岡崎[64]は、「女子学生のファッション情報への関心度と"装い"の行動との関連について」と題する紀要論文を1989年にまとめています。また、古賀[43]は、1998年に「『Vogue』誌100年にみる,ファッション情報の変容：(1) 1890年代『Vogue』に見る19世紀末のファッション情報」と題してファッション雑誌『Vogue』から発信された19世紀末におけるファッション情報を整理して紀要論文としています。

深井、成実[65]は、2001年に「ファッション情報発信の仕組み－パリコレからストリートまで－」においてファッション情報の本質を鳥瞰する立場で論じています。

高橋[66,67]は、2001年に「『装苑』における欧米ファッション情報の受容について－1936年から1959年」、続けて「『装苑』における欧米ファッション情報の受容について (2) 1960年代までの洋裁技術普及への取り組みについて」の二つの紀要論文においてわが国の代表的、かつ、伝統的ファッション雑誌である『装苑』におけるファッション情報の扱われ方について精緻に取りまとめています。

2004年には、徳井[68]が、学会論文として「1830年代フランスのファッション情報メディア：芝居とコピー画の役割」を発表してファッション情報の発信を歴史的見地から論じています。

2007年になるとインターネットの役割がファッション業界において大きな影響力を持っていることが「TECHNOLOGY アクセス急増で気炎を上げる女性向けファッション情報サイト（米フォーブス誌特選情報 From

USA）」として報じられています[69]。

小川[70,71]は、2009年に「海外動向 欧州業界動向 ヨーロッパのファッション情報」、2011年に「縫製／アパレル 変わってきたファッション情報発信地」とファッション情報の発信の基幹となるヨーロッパでの状況を継続的に報告しています。

以上に限らずファッション情報という用語は、多義的な含みがありますが、これまでにも包括的にファッションに関わる広範な情報を意味するものとして使われてきています。

ファッション情報をビジネスで使えるものにまとめなければなりません。そのためには、消費者の生活者ベースの言葉を用いた妥当な選択肢から、潜在化している要因を抽出することにより、分析の結果を因果にまでつなげて解析することが必要です。つまり、本書における共通のアプローチは、多変量解析に基づき、アンケート結果を解釈することにより多様な情報の中から潜在化しているファッション意識、すなわち、流行している衣服や着装に対する感覚を顕在化させて議論していくことです。特に、本書では、共分散構造分析の有用性に着目しています。これによれば、潜在変数を扱うことで直接観測しづらい変数も吟味することができます。変数と変数の関係性の数値化や、パスの視点となる変数の説明力を知ることにより複雑な関係を仮説ロジック全体として評価し統計学的に検証できます[72]。特に、これまで数量的解析がなされる機会が少なく、探索的研究が多いと見込まれる多様な女子学生のファッション意識やファッション雑誌からの価値ある情報を本書では汲み出して行きます。本書において目指していることは情報の縮約です。多様なファッション情報・ファッション意識の中からアパレル産業の発展に寄与しうる主要な因子を抽出して取りまとめ、誰にでも判るように女子学生のファッション意識を解析することです。つまり、アクセス可能な多くのファッション情報から価値有る情報を整理し、今までに加えるちょっとの努力で役立つものに仕立てあげられることを本書では示します。考察の対象とするのは女子学生のとらえどころなくも見えるファッション意識であり、とらえどころなくもみえるファッション雑誌の掲載写真です。

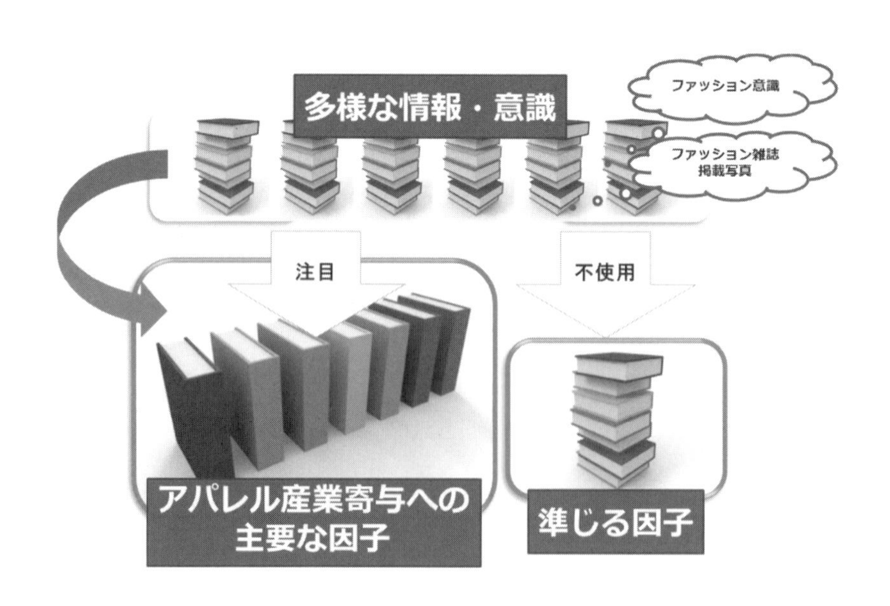

図1-4　情報の縮約

3. ファッションを歴史として押さえておきたい！

ファッション雑誌の原型は17世紀

ファッションはその歴史において常に注目され、形を変えながら様々な手段で伝達されてきました。また、その時代の社会的趨勢や経済的状況との深い関わりを示してきました。古くは、ファッション・プレート、スタイル・ブックさらにシネモードなどによってファッションは語られてきました[1)]。

トレンド情報や実用的なファッション情報、さらには、ファッションに対する憧れとなる対象を掲載するファッション雑誌は現代も続いており、アパレル産業に直接的な影響を及ぼしています[73-78)]。これは、「ファッションの本質は創造と模倣の繰り返しであり、誰かが生み出した新しいファッションも多くの人に伝えられ模倣されてこそ流行となる。」[42)]のとおりです。

ファッション雑誌の先駆として一般に考えられているのは、17世紀後半のフランスの『Le Mercure Galant』です[60)]。18世紀後半以降、別刷りの版画によるイラストレーションを掲載するファッション雑誌が1770年にロンドンで刊行され、『The Ladies Magazine』を皮切りに、英仏を中心にヨーロッパ各国で次々と出版されました。19世紀には、読者層も飛躍的に拡大しました[42)]。フランスでは1830年頃から多くの女性向けモード誌などのファッション雑誌が出版され、1868年には19世紀後半に現れたモード誌のなかでは最も重要なものの一つである『La Mode Illustree』が発行されました[79-81)]。

19世紀後半に消費文化の時代を迎えたとき、モード産業、つまり、パリでの主要な産業となっていた仕立業や手工業の果たす役割が増大しました。それまで古着市場で調達されていた庶民の着装は、既製服の普及と百貨店の誕生によって華やいだものへと変わりました[82]。最も古い百貨店は1852年創設のセーヌ川左岸のボン・マルシェで、右岸のプランタン・デパートは1865年の創設です。モードが庶民でも手に入るものになった一方で、貴族財というべき贅沢なモードはオートクチュールという新しいシステムの中で生き残りました[82]。

アメリカでも19世紀半にファッションを中心題材とするファッション雑誌が出版されるようになり、1880年には18誌が出版されていました[42]。

アメリカは20世紀初頭に世界最大の資本主義国としての地位を確立します。工業生産の増大はそれに見合う消費を必要とするようになり、購入欲をそそる為の広告が産業の重要なファクターとなって消費文化が形成されていきました。豊かなアメリカの消費文化を担うメディアとしてファッション雑誌も変容しました[83]。

20世紀初めのファッション雑誌におけるイラストレーターの果たす役割は、今日では想像もできないほど大きなものでした[84]。ギブソンが『Life』や『Harper's Bazaar』などに描く活動的な女性像は「ギブソン・ガール」として文字通り一世を風靡し、絵の中の女性にギブソンが着せたシャツブラウス、スカートや帽子などはファッション産業にも直接的な影響を及ぼしていました[84]。

アメリカは戦後若者文化の中心

1948年にジャック・ファトはアメリカの既製服会社と契約して若者向けの商品を売り出しました。ジャック・エイムは1950年から既製服会社のためにデザインを始めています。ピエール・カルダンは1959年に既製服のコレクションを1962年から売り出しました。その後、ほとんどのオートクチュールがプレ・タ・ポルテ部門を設け、若者や大衆を視野に入れた既製服を大量生産するようになっていきました[85)]。

1950～60年代、オートクチュールは仮縫いに完璧なシルエットを求めるため、テンポを早めていく現代生活にそぐわない一面を持っていました。また、若い世代がモードを追うようになり、着装にエレガンス、つまり、洗練された落ち着きのある女性らしい着装だけではない、それ以外の要素が求められ始めていました[85)]。

1960年代は世界中の「ベビーブーム世代」の若者たちが古い世代の枠組みを次々と打ちこわし、自分たちの価値観に根ざした新しい文化をさまざまに生み出した時代でした。Tシャツ、ジーンズやミニスカートなど、現在人びとが日常服としているものの多くがこの時代に生みだされ、一般化した時代です[86-89)]。

わが国にも新しい波

一方、日本では第二次世界大戦後の1940年代後半、一般女性たちに洋裁ブームが巻き起こり、着尺地や小裂をつないで作った更生服を着用していました。1946年に『装苑』の復刻号が表紙に更生服のワンピースを用いて発刊されました。これをきっかけに『ニュー・スタイル』、『スタイル・ブック新服装』、『私のきもの』、『アメリカン・ニュー・ルック』、『パターンズ』、『洋装通信』などのファッション雑誌が次々と創刊されました[90]。

戦後の混乱を脱し生活が落ち着いてきた頃には、クリスチャン・ディーオールを始めとしてパリ・オートクチュールファッションが紹介され若い女性の憧れの的となりました。特に、ディーオールが発表したニュールックのHライン、AラインやSラインなどのアルファベットの形に似たファッションが『装苑』、『ドレスメーキング』などのファッション雑誌や『週刊女性』、『女性自身』などの女性週刊誌に紹介され1950年代のファッションの主流になりました[91,92]。

挿絵画家の中原淳一がスタイル・ブックの『ひまわり』、『キモノの絵本』などを創刊し、オートクチュール感覚に溢れたファッションを紹介し人気となりました。また、外国映画のスターたちのシネモードにも影響を受けました。1953年の「ローマの休日」、1954年の「麗しのサブリナ」でオードリー・ヘップバーンが着装したサブリナパンツ、ベンハーシューズといったファッションが流行しました[88,93]。

戦後におけるわが国の消費構造は大きく変化し、それに伴って衣服消費も変化してきました。1955年からは基礎的な衣服を中心とした比較的価格の低いものを大量購入する傾向がみられ、衣生活における消費の量的向上がその特徴となっていきました[40]。

1960年代は団塊世代の時代です。1956年経済白書に記された「もはや戦後ではない」という言葉を背景にして、高度経済成長の時期を迎えました。

また、成長した団塊世代の若者たちがそれ以前の大人たちとは違う独自の文化を作り上げていきました[88]。

服飾文化の展開へ

日本のファッションが欧米に注目されるようになったのは1960年代からです。この時代は、もうそれまでの欧米の目に捉えられてきた日本ではありませんでした。日本のファッションは経済の繁栄と歩調を合わせて産業としての力を持ち、大きな進展を見せていきました[94,95]。

1965年からは衣生活における消費の質的向上が顕著になり、より高級な商品が購入されるようになりました。このような衣生活の変化は、所得の上昇に伴う多様化、高級化、個性化、さらには人びとの間で広く流行となるファッション化として捉えることができます[40,96]。1965年にマリー・クワントに次いでパリ・オートクチュールのアンドレ・クレージュもミニスカートを発表し、ミニスカートは世界的な大流行となりました。1966年にロンドン生まれのモデル、ツイッギーが来日し、日本でもミニスカート、ミニドレスの流行に拍車がかかりました[90,92]。

ファッション雑誌が時代をリード

1970年に創刊された『an・an』、1971年の『non-no』は、パリ発の1970年代ファッションを紹介するだけではなく、若い女性の新しいライフスタイルを提案し、『アンノン族』といわれる彼女たちの新しい指針となりました[88]。また、1975年に『JJ』が創刊され、同誌が紹介したニュートラやハマトラは女子大生や若い女性のファッションバイブルともなりました[97-99]。

1981年、川久保玲の『COMME des GARCONS』、山本耀司の『Y's』がパリコレクションに全点真っ黒なファッションを提示して、ヨーロッパのファッション界に衝撃を与えました[100]。日本では「カラス族」と言われるほどに真っ黒のモノトーンファッションが溢れました。1970年代から生まれていたブランドファッションへの憧れが加速されDCブランド時代の到来となりました。DCブランドとは、デザイナーの創造性が特徴のデザイナー・ブランドと、ブランドの個性を強調したキャラクター・ブランドを併せた日本独特の呼称です。『an・an』や『POPEYE』などのファッション雑誌が端緒となり、その後は『JJ』なども取り上げてDCブランドが全国的に広まっていきました[1,100,101]。日本の1970年代は、新しい機能を買う「性能消費」が中心でした。1980年代になり生活に必要なものが揃ってくると、感性や快適感などのライフスタイルを演出する「嗜好消費」へと中心が移動しました[102]。

ブランド志向と共に多様化の時代となる

1990年代、東京の中で流行の中心地であった銀座には海外のラグジュアリーブランドである『LOUIS VUITTON』や『CHANEL』などが続々と路面店を出店しました。この影響を受けた若い女性の中には、全身を海外ブランドで着飾るというフリークファッションも出現しました。一方、1996年の『Cawaii!』を皮切りに、1998年の『東京ストリートニュース』などストリート系ファッション雑誌の創刊が相次ぎ、読者と等身大のティーンズを数多く紹介しました。ストリートファッションがファッション全体の先駆けともなっていきました[88]。

1990年代はこのように「変化の時代」と言えます。衣生活においても1960年代を境に大量生産、大量消費の時代に移りました。さらに繊維、糸、布の製造は、加工技術の進歩によって優れたものが製造され、今日衣服の必要条件である生理的機能の充足が遂げられました。

工業化社会では、規格品の大量生産を行う製造業が産業の中核をなしてきました。工業化社会の価値観は効率化にあったと言えます。大量生産のため、組織や人や部品は標準化され生産性と品質の向上を追求し、大量に売り大量に消費することで経済成長を続けてきました。経済成長により社会は成熟化し、物があふれる時代となり、豊かな時代になりました。

工業化から情報化へ

2000年代初頭は、依然としてバブル崩壊の後遺症である経済的不況が続いていました。そうした社会的な趨勢を反映してか、ファッションは控えめなコンサバ志向になっていきました。反面、それはハリウッド女優やスーパーモデル、歌手、リッチな子女といったセレブに対する憧れとなり、ファッション雑誌やテレビに度々登場するセレブたちのファッションを若い女性達は取り入れるようになりました。また、等身大の雑誌モデルに対する憧れが強くなり、特に、『CanCam』モデルのスタイルを真似るファッションが多くなりました[95,101]。

ファッションは、文化や時代と密接に関わりながらコミュニケーション活動における非言語メッセージとなると言えます。人びとは衣服が伝達する社会的意味を共有しています。日常生活の中で着装に由来して発信されるファッション情報はアイデンティティ、人格、態度、感情、情動や価値観などを反映しています[87]。

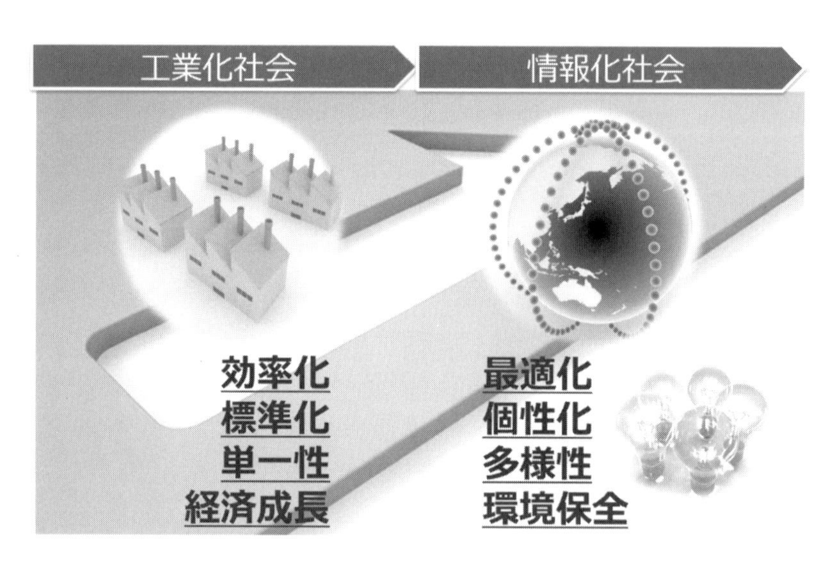

図1-5　時代の変化

4. ビジネスチャンスとの関わりは？

自分らしさのために買う！

今、ファッションは生きている時代感覚であり、生活文化そのものであると言えます[103)]。市場にあふれるファッション情報を若者たちは自然に受け入れ、また、身に付けて独自の着装スタイルを楽しんでいるように見受けられます[104)]。人びとは豊かさ、美しさを重視したライフスタイルを嗜好するようになり、衣服に高いレベルでの充足条件である感性的機能の要求を強めてきました[104)]。豊かな時代は物質的な欲求から精神的な欲求への変革をもたらしました。「必要だから買う」から「楽しみや生きがいを買う」へ、「他人と同じものを買う」から「自分らしさを表現するために買う」、へと変化していきました[102)]。

インターネットによって身近なものに

情報技術の発達によりコンピュータやネットワークが急速に普及し、世の中には情報があふれる時代になりました。消費者のニーズはますます多様化し、商品やサービスの質や付加価値が重視される時代に移り変わりました。情報に価値が認められるようになったのです。情報の活用の差異が、企業や個人の成長のスピードに直結する時代になりました。これからのアパレル産業にとって重要な要素として、ファッション情報の活用が改めて重視される時代になったと言えます[105-108)]。

コレクションファッションは遠い存在ではなく、急速に、身近なものになってきました[109]。これまでは、コレクションに登場した服が大衆受容、つまり、大量に広がって行くまでにかなりのタイムラグが存在しました。しかし、コンピュータやスマートフォン、さらにはタブレットの急激な普及により情報伝達のタイムラグが消失し、ほぼリアルタイムで消費者層に広がるようになりました[110]。情報のグローバル化により、どこでも誰でもリアルタイムに世界中の情報を入手することが可能になりました[111]。消費者は今まで以上にインターネットやマスメディアを用い積極的な情報収集と専門家の追認を求めています[112]。

ファッション情報の数量化

インターネットからは多くのデータ情報が得られます。その情報を有効に利用し、活用するためにはファッション情報の数量化が役立ちます。

日本のブランドがより効果・効率的に世界の市場へ進出し売上を拡大していくうえで、商品が提供し伝達すべき「日本らしい」、「日本が先行する」付加価値が重要視されます[113]。日本らしさとは何か、ブランドの印象について提供する側と受容する消費者とのズレがないかを戦略的に考え、当該の国あるいは地域固有の特性を押さえる場合にも印象形成の要因把握というファッション情報の数量化が手掛かりとなります。

世代にとらわれないファッション

現代の女性はミセス、キャリア、OL服といった年齢別のカテゴリーに違和感があり、従来の世代別でカテゴライズしたMDに魅力を感じなくなってきています。年齢に関係ない好きな服を着るボーダレス女性が増えてきており、店頭感覚とのズレが生じてきているのです。今設定されている市場に消費者が合わせて行くのではなく、各世代に合わせて共に進化し成長して行く市場がこの先、必要とされています。各世代の特性、つまり、どんな時代を過ごし、どんな着装が流行していたか、また、その人びとの購買行動を把握し、成熟した世代を迎える準備をしておくのも、今後のアパレル産業にとって重要な課題であると言えます。日本の製造業が情報化社会に対応して変革した中、アパレル業界も変革に追随しなければ、目まぐるしく変わる時代のスピードと変化に付いていくことが出来ません。

日本ではマーケティング用語で言うところのF1世代（20～34歳の女性(Female)）がファッションの消費の中心として注目を集めています[114)]。この世代は、これからの消費の核となる存在です。10～20年後には日本の中核的消費層となります。どの世代よりも商品・サービスにシビアな目を持つ手ごわい消費者を今から攻略しておくことは、企業にとっての必須課題です。難攻不落の市場を開拓することは、企業のマーケティング力を底上げすることにつながります。

アパレルも情報産業のひとつ

アパレル業界は、他業種に比べて遅れはあったものの情報産業化に踏み出しました。情報技術の活用によりQR（Quick Response）に重点を置き、需給のバランス最適化が進められてきました。しかし、これによる売れ筋の追求は可能であるものの、品揃えが単調化したり、バリエーション不足になりやすく、顧客を惹き付ける差別化の継続が困難であるという壁に直面してしまいます。生き残りをかけたさらなる成長には、これから売れるであろう新しいものを開発していく努力が必要です。そのためには情報の活用は必須であると考えます。消費者の求める商品開発に適用するためには、POSシステムなどによる実売データを有効に活用すると共に、消費者のファッション意識と購買行動との関係を明らかにすることが不可欠です。

インターネットが普及する以前は、消費者はカリスマ店員などがいる実際の店舗から情報を得ていました。しかし、現在は有名人のブログやTwitterなどのインターネット上から情報を得て、そのまま購買行動に向かう傾向が少なくないのです[115,116]。

図1-6　アパレル企業の情報産業化

少子高齢化社会を乗り切るために、人や社会との強いつながりを得る社交の場としてSNSが注目を集めています[117,118]。インターネットを利用した様々なアプローチにより、企業と消費者とのタッチポイントがどんどん増えてきました。企業側が発信する情報、そして、提供するサービスにおいて、どこでもいつでもの一貫性が重要な課題となってきます。店頭でのサービスや情報をインターネットでも、インターネットでのサービスや情報を店頭でも共通して利用できることが求められています。店頭とネットにおける情報の共有化が必要です。これは企業における戦略だけはなく、消費者にとっても利用したい情報であり、特にファッション情報において有効です。

押し寄せる情報の中で

人びとの生活に楽しさをもたらすもの、それが情報です。人びとは情報により快適に消費して楽しみたいと思っています。そのためには溢れかえる情報の中で、何が今自分に必要であるのかを見極める能力が必要です。情報は限りない波のようにあり、人びとは次々とその波の間を泳いでいるようなものです[119-121]。企業の発信する情報が溢れ、それを受取る消費者の志向もさらに分散化します。市場の流れは消費者主導になってきており、消費者から発信されるファッション情報をいかに統計学的に評価するかが戦略の基本と言えます。これからの時代のポイントは、どう攻めるかに当たっての情報の共有化です。いま話題のビッグデータの利用も一つの側面と言えます。

何が消費者の心に響くのか、どうしたら消費者の心を掴むことができるのか、常に新しいアプローチが必要とされています。まさにその成長戦略の一端を担うのがファッション情報であることは言うまでもありません。

市場のセグメント化！

消費者動向を個人特性から理解することの重要性は、企業活動としてのマーケティングの遂行という実務的な立場から特に強調されます。市場をセグメンテーションし細分化するためには、このような理解は欠かせません。

企業が発信している情報を消費者が収集したのち、購買行動で完結させていた形が従来のアパレル産業とも言えます。一方、消費者の購買後の行動がより重要視されているのが今とも言えます。購買後の行動は、消費者による口コミや評価など、パブリシティの続編としての新たな役割を担っており、より広い拡がりや繋がりに影響力を発揮する存在となっています[44]。

めまぐるしく変わる流行の世界、新しく目を引く今年のファッション、若い女性を取り巻く着装の変化は激しいと言えます。ファッション雑誌や広告、さらにショップ店頭において毎年新しいタイプの着装が次々と提供されています。それだけ若い女性たちの興味、関心の強い分野と言えます。

まず「今」というのは、過去の経緯を理解していないと見えてこないものなのです[122-126]。どんな意図を発祥として世に生まれ出たものなのか、その後どのような活動を積み重ねて現在に至っているのか、それを解っていないと「今」を把握することは困難であると言えます。

この本では、ファッション情報をキーワードにしてファッションをビジネスとしてこれから関わろうとする人たち、あるいは、既に関わっている人たちと共に、ファッションとは何かを考えて行きたいのです。女子学生のファッション意識の動向を数量化解析により可能な限り客観的に検証し、アパレル産業の発展に寄与しうる主要な因子を抽出してとりまとめることが本書での試みです。官能量を数値化することが、目指すことです。

なお、本書で述べられている調査結果は私たちの既報[127-129]に収載されています。

参考文献

1) 大沼淳, 萩村昭典, 深井晃子『ファッション辞典(ファッション)』文化出版局, 1999
2) Von Raffler-Engel Walburga, 本名信行『ノンバーバル・コミュニケーション:ことばによらない伝達』大修館書店, 1981
3) 坂本武人『現代衣生活考-生活経済学の視点から』繊維製品消費科学, 39(3), 1998, 16-22
4) ミシェル・ボーリュウ, 中村祐三[訳]『服飾の歴史』白水社, 1984
5) 小山栄三『ファッションの社会学』時事通信社, 1977
6) 中川早苗『服装流行の研究(1):G.ジンメル「流行論」の再検討』家政學研究, 1, 1979, 26-31
7) 川本栄子, 渡辺澄子, 中川早苗『女子学生の被服行動と対人的志向性との関連』松阪女子短期大学論叢, 30, 1992, 77-83
8) 萩村昭典『装学への道しるべ』文化出版局, 1987
9) 久繁哲之介『月曜連載　施策や施設をつくる前に「顧客を創る」地域再生(15)コミュニティを創る女性の起業(5)街の賑わいを創る「母娘消費(親子消費)」』地方行政, 10301, 2012, 2-6
10) 木村純子, 坂下玄哲『ファッション購買意思決定への家族からの影響に関する考察:拡張自己概念を手がかりに』法政大学経営学会 経営志林, 49(2), 2012, 1-14
11) 加藤佳子, 西敦子『小学生の家族関係および友人関係における自尊感情と全体的自尊感情との関連』日本家政学会誌, 61(11), 2010, 741-747
12) 中川早苗『女子大生のファッション意識・行動に関する調査』繊維機械学会誌, 45(11), 1992, 565-574
13) 高木麻未『友人とのつきあい方と被服行動の関連』繊維製品消費科学, 51(2), 2010, 129-1
14) 立石譲二『21世紀に向けた繊維産業の挑戦』繊維学会誌, 56(12), 2000, 338-342

15) 川崎健太郎, 河本直樹, 塩見昭美『女子学生における衣料品の選択購入行動』繊維製品消費科学, 37(1), 1996, 39-45
16) Maslow Abraham H, 小口忠彦[訳]『人間性の心理学』産業能率大学出版部, 1987
17) 日本衣料管理協会『消費科学』日本印刷, 2006
18) 松田久一『「買わない」理由、「買われる」理由』アサヒ新聞出版, 2010
19) Lundberg George Andrew, 安田三郎, 福武直[訳]『社會調査』東京大學出版會, 1952
20) Mano Haim『Smart Shopping:The Origins and Consequences of Price Savings』Advances in Consumer Research, 24, 1997, 504-510
21) Maher Jill K『Overload, Pressure, and Convenience:Testing a Conceptual Model of Factors Influencing Woman's Attitudes Toward, and Use of, Shopping Channels』Advances in Consumer Research, 24, 1997, 490-498
22) Sherry John F.Jr.『Sociocultural Analysis of a Midwestern American Flea Market』Journal of Consumer Research, 17(6), 1990, 13-30
23) Fischer Eileen『More than a Labor of Love:Gender Roles and Christmas Gift Shopping』Journal of Consumer Research, 17(12), 1990, 333-345
24) Babin Barry J『Work and/or Fun:Measuring Hedonic and Utilitarian Shopping Value』Journal of Consumer Research, 20(3), 1994, 644-656
25) Gardner Meryl Paula『Mood States and Consumer Behavior:A Critical Review』The Journal of Consumer research, 12(3), 1985, 281-300
26) Freedman.J.L.『Compliance without pressure:the foot-in-the-door technique』Journal of Personality and Social Psychology, 4, 1966, 195-203
27) 牛田好美『被服の社会心理学的研究の更なる発展へ向けて』繊維製品消費科学, 52(2), 2011, 19-23
28) 遠藤邦生『海外進出、アジアから』日経MJ, 6/3, 2013
29) 五十嵐祐『心理学研究の最前線(その2)対人心理学研究の最前線(第6回)人と人とのつながりが規定するコミュニケーション－ネットワークの対人心理学』繊維製品消費科学, 49(8), 2008, 530-540
30) 柏尾眞津子, 箱井英寿『大学生における知覚されたファッション・リスクと時間的展望との関連性』繊維製品消費科学, 49(11), 2008, 765-776
31) 高木修『時事刻告 被服の社会心理学的研究の検証』繊維製品消費科学, 51(2), 2010, 110-112
32) 鈴木和宏『消費者行動とマーケティング(9)コモディティ化と経験価値の研究動向:近年の展開と研究課題』繊維製品消費科学, 53(7), 2012, 516-524
33) 辻幸恵『「企業の社会的責任」に対して学生たちが抱くイメージ(特集 企業の社会的責任と消費科学)』繊維製品消費科学, 53(12), 2012, 980-987
34) 安田三郎『質的データの分析と数量的分析』社会学評論, 21(1), 1970, 78-85
35) 森下俊一郎, 小川悠『顧客志向経営の尺度開発とその構造分析』早稲田大学産業経営研究所産業経営, 46, 2010, 19-34
36) Leslie J.Heinberg Ph.D., Dr.J.Kevin Thompson Ph.D., Susan Stormer『Development and validation of the sociocultural attitudes towards appearance questionnaire』International Journal of Eating Disorders, 17(1), 1995, 81-89
37) Stephen T.Tiffany, David J.Drobes『The development and initial validation of a questionnaire on smoking urges』British Journal of Addiction, 86(11), 1991, 1467-1476

38) Rod A.Martin, Patricia Puhlik-Doris, Gwen Larsen, Jeanette Gray, Kelly Weir『Article Individual differences in uses of humor and their relation to psychological well-being:Development of the Humor Styles Questionnaire』Journal of Research in Personality, 37(1), 2003, 48-75
39) Lenore Sawyer Radloff『The CES-D Scale』A Self-Report Depression Scale for Research in the General Population』Applied Psychological Measurement, 1(3), 1977, 385-401
40) 今村幸生, 西垣一郎, 竹内智子『被服消費の動学分析』家政学研究, 26(1), 1979, 83-88
41) 内藤章江, 橋本令子, 加藤雪枝『衣服の色彩と呈示方法が着装者に及ぼす心理的・生理的影響』繊維製品消費科学, 48(12), 2007, 853-862
42) 古賀令子『「Vogue」誌100年にみる, ファッション情報の変容:(1)1890年代「Vogue」に見る19世紀末のファッション情報』湘北紀要, 19, 1998, 149-162
43) 古賀令子『「Vogue」誌100年にみる, ファッション情報の変容(4):1931～1945年の「Vogue」に見るファッションとその報道』湘北紀要, 22, 2001, 81-96
44) 山岡真理, 山村貴敬『ファッションビジネスのウェブ活用に関する考察』文化ファッション大学院大学ファッションビジネス研究, 1, 2011, 34-48
45) 木村達也『マーケティング活動の進め方』日本経済新聞社, 1999
46) 秋山学『消費者の動機づけと意思決定過程』繊維製品消費科学, 39(10), 1998, 22-27
47) 中田善啓, 石垣智徳『消費者態度の進化:流行の形成メカニズム程』甲南経営研究, 39(1), 1998, 49-7827
48) ウェブリオ株式会社『IT用語辞典　ＢＩＮＡＲＹ(情報)』Website http://www.sophia-it.com/
49) 安西祐一郎『哲学・思想事典(情報)』岩波, 1998
50) キャロリン・ウェッソン, 斎藤学[訳]『買い物しすぎる女たち』講談社, 1996
51) 雪村まゆみ, 今岡春樹『同調欲求, 差異化欲求がファッション採用に及ぼす影響』繊維製品消費科学, 43(11), 2002, 707-713
52) 橋本令子, 内藤章江『現代の女子学生にみる自己概念と被服行動との関係』椙山女学園大学研究論集 自然科学篇, 40, 2009, 135-145
53) 永野光朗『社会心理学の立場から』日本衣服学会誌, 52(2), 2009, 77-80
54) 神山進『被服と化粧の社会心理学』北大路書房, 1996
55) 永野光朗『心理学分野 衣服と装身の社会心理学的研究－過去の研究と最近の動向をふまえて』繊維製品消費科学, 50(10), 2009, 766-771
56) 西原容以, 中川早苗『女子短大生の被服に対する意識・行動と社会心理的特性との関連について』家政學研究, 2, 1987, 114-124
57) 大坊郁夫『衣服の社会心理的機能の展開』繊維製品消費科学, 40(11), 1999, 12-17
58) 安常希『インターネットショッピングにおけるファッション消費者の購買態度形成に関する研究:日韓比較を中心に』繊維製品消費科学, 53(12), 2012, 1024-1031
59) 富沢木実『情報化で変わるアパレル産業』繊維機械学会誌, 45(10), 1992, 539-544
60) ニコラス・G・カー, 村上彩[訳]『クラウド化する世界:ビジネスモデル構築の大転換』翔泳社, 2008
61) 遠藤薫『インターネットと「世論」形成』東京電機大学出版局, 2004
62) 文化学園・凸版『ファッション情報システム」開発』情報の科学と技術, 38(1), 1988, 61
63) 大沼淳『ファッション情報発信基地をめざして－国際化と日本文化を考える (21世紀の教育制度を考える－1－<特集>)－(私の教育論)』家庭科学 日本女子社会教育会家庭科学研究所, 61(3),

1994, 46-49
64) 岡崎芳子『女子学生のファッション情報への関心度と"装い"の行動との関連について』高知女子大学紀要 自然科学編, 37, 1989, 57-76
65) 深井晃子, 成実弘至『ファッション情報発信の仕組み－パリコレからストリートまで(特集 みんなキレイになった理由)』化粧文化 ポーラ文化研究所, 41, 2001, 28-41
66) 高橋知子『『装苑』における欧米ファッション情報の受容について－1936年から1959年』愛知学泉大学・短期大学紀要, 368, 2001, 153-162
67) 高橋知子『「装苑」における欧米ファッション情報の受容について(2)1960年代までの洋裁技術普及への取り組みについて』愛知学泉大学・短期大学紀要, 38, 2003, 123-132
68) 徳井淑子『1830年代フランスのファッション情報メディア:芝居とコピー画の役割』日本家政学会誌, 55(6), 2004, 499-506
69) Miller Clair Cain『TECHNOLOGY アクセス急増で気炎を上げる女性向けファッション情報サイト(米フォーブス誌特選情報 From USA)』フォーブス ぎょうせい, 16(12), 2007, 99-101
70) 小川健一『海外動向 欧州業界動向 ヨーロッパのファッション情報』繊維トレンド 東レ経営研究所, 79, 2009, 35-39
71) 小川健一『繊維トレンド』繊維トレンド 東レ経営研究所, 87, 2011, 52-55
72) 『macromill』Website http://www.macromill.com/method/c04.html
73) 太田茜『19世紀末アメリカ婦人雑誌にみる衣生活:衣服記事と広告の分析をとおして』日本家政学会誌, 59(4), 2008, 237-244
74) 金森美加, 森理恵『雑誌広告によるファッションブランドイメージの伝達手法』デザイン学研究 研究発表大会概要集, 51, 2004, 58-59
75) 阿部久美子『女子大生のライフスタイルと被服行動(第1報):日本の女子大生のファッション嗜好性分類とライフスタイルとの関連性』光華女子短期大学研究紀要, 37, 1999, 23-43
76) 熊谷伸子『女子学生の購買行動におけるファッション雑誌の影響』繊維製品消費科学, 44(11), 2003, 637-643
77) 諸橋泰樹『雑誌文化の中の女性学』明石書店, 1993
78) ブリュノ・デュ・ロゼル, 西村愛子[訳]『20世紀モード史』平凡社, 1995
79) 伊藤紀之『ファッション・プレートへのいざない』フジアート出版, 1991
80) 大澤香奈子, 木岡悦子『1830年代初頭のファッションプレートにみる女性像と服飾表現:「ジュルナル・デ・ダム・エ・デ・モード」を通して』日本家政学会誌, 53(6), 2002, 581-592
81) ブランシュ・ペイン, 古賀敬子[訳]『ファッションの歴史:西洋中世から19世紀まで』八坂書房, 2006
82) 徳井淑子『図説ヨーロッパ服飾史』河出書房新社, 2010
83) 古賀令子『「Vogue」誌100年にみる, ファッション情報の変容(2):1901～1913年の「Vogue」に見るファッション情報』湘北紀要, 20, 1999, 103-114
84) 古賀令子『「Vogue」誌100年にみる, ファッション情報の変容(3):1914～1930年の「Vogue」に見るファッションとその報道』湘北紀要, 21, 2000, 81-96
85) 佐々井啓, 水谷由美子『ファッションの歴史:西洋服飾史』朝倉書店, 2003
86) 古賀令子『「Vogue」に見る1960年代ファッション(服装社会学研究部会20周年特集)』ファッションビジネス学会論文誌, 11, 2006, 161-174
87) 神山進『被服の社会・心理的機能』繊維製品消費科学, 39(11), 1998, 18-22

88) 城一夫, 渡辺直樹『日本のファッション:明治・大正・昭和・平成』青幻舎, 2007
89) 大藪千穂, 杉原利治『Consumer Reportsにおける消費者情報分析(2)1960年代の消費者情報』日本家政学会誌, 60(7), 2009, 617-628
90) 柳洋子『ファッション化社会史<昭和編>』ぎょうせい, 1983
91) 古賀令子『「Vogue」誌100年にみる, ファッション情報の変容(5):1946～1960年の「Vogue」に見るファッションとその報道』湘北紀要, 23, 2002, 1-17
92) 南静『パリ・モードの200年』文化出版局, 1984
93) Furmanovsky Michael『A Complex Fit:The Remaking of Japanese Femininity and Fashion』国際文化研究, 16, 2012, 43-65
94) 深井晃子『ジャポニスムインファッション』平凡社, 1994
95) 柳洋子『ファッション化社会史<ハイカラからモダンまで>』ぎょうせい, 1982
96) 岩田幸基『消費構造の知識』日本経済新聞社, 1976
97) 柳洋子『ファッション化社会史<現代編>』ぎょうせい, 1985
98) 仲川秀樹『サブカルチャー社会学』学陽書房, 2002
99) 大藪千穂, 瀬尾菜月, 杉原利治『Consumer Reportsにおける消費者情報分析(3)1970年代の消費者情報』日本家政学会誌, 62(7), 2011, 415-423
100) 成実弘至『問いかけるファッション』せりか書房, 2001
101) 小木曽朋『ファッション雑誌と現代社会』近畿大学大学院文芸学研究科 文芸研究, 1, 2004, 63-87
102) 日本衣料管理協会『マーケティング論－アパレルビジネスのための－』日本印刷, 2006
103) 森英恵『ファッション』岩波書店, 1993
104) 阿部久美子『女子大生のファッション意識・行動と被服教育について』光華女子短期大学研究紀要, 33, 1995, 55-73
105) 大内順子, 田島由利子『20世紀日本のファッション』源流社, 1996
106) 藤浦修一『日本の繊維産業, ファッションビジネスの構造変化と可能性(日本繊維製品消費科学会「第4回消費科学シンポジウム」講演より)』繊維製品消費科学, 53(11), 2012, 917-919
107) 信田阿芸子『海外からみた日本のファッション・現状について』デザイン学研究, 19, 2012, 14-17
108) 加藤於琴『ファッションと「エシック」:ファッションの力と今後の可能性と展望』熊本大学倫理学研究室紀要, 7, 2013, 127-145
109) 堀内圭子『ショッピングを楽しむ消費者の心理』繊維製品消費科学, 39(5), 1998, 34-40
110) 時田麗子『BOB』髪書房, 8, 2009
111) 林信行『iPadショック』日経BP出版センター, 2010
112) 嶋明『ファッション流行情報(12)2010年春夏傾向』洗濯の科学, 55(1), 2010, 42-47
113) 三菱商事株式会社『平成22年度中小企業海外展開等支援事業』2010　Website　http://www.meti.go.jp/policy/mono_info_service/mono/creative/houkokusyo2.pdf
114) 日経ビジネス『東京ガールズマーケット奪え！ファッション消費』日経ビジネス, 10/5, 2009
115) 日経ビジネス『ネットが「オシャレ」を救う？』日経ビジネス, 12/26, 2010
116) 堀川久美子『ソーシャル時代のファッション業界(特集 ファッションビジネス徹底解剖:業界の展望とコンサルティングの勘所)』企業診断, 59(4), 2012, 34-36
117) 嶋明『ファッション流行情報(15)2011年秋冬傾向』洗濯の科学, 56(3), 2011, 38-43
118) 嶋明『ファッション流行情報(13)2010年秋冬傾向』洗濯の科学, 55(3), 2010, 32-37

119) 辻幸恵『消費する楽しさ』繊維製品消費科学, 43(9), 2002, 40-42
120) 渡辺澄子, 川本栄子, 黒田喜久枝, 中川早苗『服装におけるイメージとデザインの関連について(第2報):イメージによる類型化とそのデザインの特徴』日本家政学会誌, 44(2), 1993, 131-139
121) 平野英一『日本の消費者は限定好き? −日本の消費者の特徴』琉球大学経済研究, 59, 2000, 293-313
122) 川島蓉子『ブランドはNIPPON』文芸春秋, 2009
123) 川島蓉子『ビームス戦略』日本経済新聞社, 2008
124) 川島蓉子『TOKYOファッションビル』日本経済新聞社, 2007
125) 川島蓉子『NIPPONブランドの価値づけこそが必要』繊維製品消費科学, 51(8), 2010, 605-610
126) 遠藤邦生『ifs未来研・川島所長に聞く「等身大」から10年先見る』日経MJ, 6/12, 2013
127) 石原世里奈, 熊谷伸子, 芳住邦雄『2011年春夏の流行アイテム動向における女子大生のファッション意識』ファッションビジネス学会論文誌, 17, 2012, 99-110
128) 石原世里奈, 熊谷伸子, 芳住邦雄『母娘関係による購買行動への影響』ファッションビジネス学会論文誌, 16, 2011, 9-18
129) 石原世里奈, 熊谷伸子, 芳住邦雄『若い女性におけるファッションの類型化と印象要因の解明』ファッションビジネス学会論文誌, 15, 2010, 1-10

第2章
ファッションって、どう理解していけばいいの？

1. 流行の本質はなに?

着装は自己実現のための有力な対象です。そこには、社会的な大きな流れがあり、それに抗すると同時に、受け入れることによる充足感が得られます[1-9]。流行とは、「消費者集団から採用される新しいスタイルが社会的に普及しているプロセス」と言えます[10,11]。独自欲求という概念から、人びとは他人と違うようには望みますが、しかし、あまりに違いすぎることは好みません。したがって、時代や世間が好む基本的な動向には同調し、その動向の枠組み内で他者との違いを表現したり個性を示したりしようとするのが流行現象であると言えます。

ファッションに限らず一般的な製品のライフサイクルや製品の普及過程にも類似した流行サイクルがあるとされています。導入段階、受容段階、減退段階の3つからなる段階を経る中で、流行がはじまり、ピークを迎え、そして終焉へ向かいます。当初は一部の革新的な消費者（イノベーターと呼ばれる）が飛びつき、さらに、それが新しいもの好きの消費者（オピニオン・リーダーと呼ばれる）から受け入れられるようになり[12]当該製品の利用者数が急速に上昇します。その後受容段階に入ると、普及が加速し、前期多数採用者と呼ばれる遅ればせながらも新しいもの好きの消費者から採用されるようになります。次の段階では、残り物には福があるとする後期多数採用者と呼ばれる消費者からも受け入れられ、一層流行が広まり[10,11]、その後終焉に向かいます。

また、川本[13]は、流行の特性を次のように5つにまとめています。つまり、(1) 最近のものであり、なんらかの意味で目新しい様式、(2) 一時的で「はかないもの」である、(3) その時々の社会的文化的背景を反映している、(4) 瑣末性、つまり、些細な案外つまらない変化が重要、(5) 一定の規模を持っている。

本章はこうした流行現象の支配要因[12-41]を念頭におきながら女子学生を対象として、2011年春夏のファッションアイテムに注目し、その特徴を明らかにすることに力点をおいています。

さらに、流行の拡がりや収束は数字で目に見えないのか？の疑問について考えます。つまり、ここでは流行の形成におけるファッション雑誌の役割について検討を行います。流行は誘導されているのでしょうか？

2. アンケート調査をしてみました

2-1. 流行意識について

調査対象者は関東圏に在住する18～22歳までの女子大学生および女子短期大学生276名です。2011年5月に調査を実施しました。集合調査法と呼ばれる、質問紙を大学の教室で配って記入してもらう方法で行いました。アンケート内容はファッション意識に関する5項目、2011年春夏の流行アイテムに関する18項目です。エスニック柄マキシ丈ワンピース（エスニック柄は、異国の民族的文化や芸術の中にデザイン・ソースを求め、洗練された図柄としたもの。マキシ丈ワンピースはくるぶしまでの長いスカート丈のワンピース）、クラッシュパギンス（切り裂いたようなデザインでタイツのようなストレッチ性のあるレギンス感覚ではけるパンツ）、バギーパンツ（幅広でゆったりとしたシルエットのパンツ）、フレアデニム（デニム生地のフレアスカートでぴったりしたウエストから裾へフレアが波打って朝顔状に広がったスカート）、かぼちゃショートパンツ（裾にギャザーが入っていたり、バルーン型となっており、かぼちゃのような丸みのある形のショートパンツ）などが具体的な項目です。これらに対して、肯定から否定への4段階尺度で回答を求め、解析に当たっては、4点から1点までの評価得点を割り振りました。

ファッション意識の解析には、主成分分析を用いました。なお、因子軸の回転には基準化バリマックス法を適用しました。この際に得られた主成分得点を用いて、流行アイテムとの関連を検討しました。流行アイテムの順位付け評価では、評価得点を集計して行いました。

2-2. ファッション雑誌におけるアイテムのトレンド

特定なアンケート回答者ではない一般的な観点から、若い女性の流行アイテムの関心度を調べるためにファッション雑誌に着目しました。『ViVi』、『Sweet』、『MORE』の3誌において2007年1月号から2011年9月号までの5年間における各誌57冊、合計171冊を調査対象としました。

雑誌に掲載されている、モデル着用の写真および広告を含む商品の写真から、マキシ丈ワンピースおよびバギーパンツの掲載数を集計し、ファッション雑誌においてそれらのアイテムがどのように扱われてきたかを数量的に把握しました。ファッション雑誌は実際の季節感より数か月も前から企画がなされて、刊行となります。必ずしも消費者の実態を反映しているものではないのですが、トレンドがあるのかの疑問に答える情報源と考えました。

3. アンケートの結果から何が判ったの？

3-1. ファッション行動には、どういう意識が作用してるの？

ファッション意識を明らかにするために、5項目に対する276名から得た回答をもとに、主成分分析により解析を行いました。その結果、固有値1.0以上で主成分を抽出し、2個の因子が得られました。なお、具体的アンケート項目、固有値および寄与率は表2-1に示す通りです。2個の主成分による累積寄与率は57.7%です。

第1主成分は「ショップにはよく新しいものがないか見に行く方だ」、「ワンシーズンしか着ないものも買うタイプである」、「春物は結構寒い時から買っている方だ」といった項目から構成されているので、『流行追随意識』として解釈しました。

第2主成分は、「かわいいねといいながらも友達のとはかぶらないようにしている」、「みんなが持ってなさそうな物は先取りして買いたい」という項目から構成されているので、『差別化意識』と解釈しました。

表2-1　ファッション意識に関する主成分分析

	流行追随意識	差別化意識
ショップにはよく新しいものがないか見に行く方だ	0.746	0.171
ワンシーズンしか着ないものも買うタイプである	0.694	-0.090
春物は結構寒い時から買っている方だ	0.648	0.260
かわいいねといいながらも友達のとはかぶらないようにしている	-0.057	0.868
みんなが持ってなさそうな物は先取りして買いたい	0.398	0.638
固有値	2.00	1.00
寄与率(%)	38.3	19.4
累積寄与率(%)	38.3	57.7

ジンメル[42]は1911年に発表した論文の中で、「流行とは他者に同調する模倣と流行に同調しない他者との差異化との統一である」と述べました。流行は同調と差別化により構成されます。つまり、流行を追う心理には、人びとと同じようにしたいという気持ちと、他人とは違っていたいという気持ちが共存します[43-49]。女子学生においてもワンシーズンしか着ないにも関わらず、流行を追った服を着たいという流行に同調する『流行追随意識』と、友達を意識しながらも違うものを着たいという『差別化意識』を同時

に持ち合わせていることがアンケート結果についての主成分分析により明らかとなりました。100年経てもジンメルが社会学的基礎理論として述べている仮説が普遍の原理として、現在の女子学生のファッション意識にも現れています。

また、流行は、「ファッションは、ダイナミックな集合過程である。新しいスタイルが創造され、市場に導入され、大衆によって広く受け入れられるようになるのは、このような集合過程を通してである。個性と同調、また自己顕示欲求と所属欲求といった個人にとっての両面的価値と、そのいずれかの価値をどの程度重視するかはファッションにどのように関わるか、すなわち、流行事象への関与のレベルをどの程度にするか、あるいは、ファッショントレンドとどの程度の距離をおくかなどを決める要因になる。」と説明されています[50)]。納得です。

3-2. 2011年春夏アイテムはどう受け入れられたの？

表2-2および表2-3では、主成分分析で得られた解析結果に基づいて調査対象者を分け、2011年春夏アイテム評価への影響を検討しました。

ワンピースに対する流行度合いの評価得点に関して、流行追随意識の高い学生と低い学生の2つのグループにおいて差があるか？について、Wilcoxonの順位和検定を用いました[51,52)]。ここでは、「帰無仮説H_0：流行追随意識の高い学生と低い学生の2つのグループにおいて違いはない」について検定を行いました。まず、ワンピースでは、エスニック柄マキシ丈ワンピース、ボーダー柄マキシ丈ワンピース、ギンガムチェックワンピースにおいて、流行追随意識の高い学生と低い学生における平均値の差に、有意水準5%で統計学的差違が認められました。つまり、流行追随意識が高いとこれらの3アイテムに対しての評価が高くなると言えます。

流行度合いに対する評価得点が高いにも関わらず2つの学生グループでの有意差が認められなった白シャツワンピース、シフォン小花柄ワンピース、白レースコットンミニワンピースは、この時期、数年来の流行を引き継いでいるものであり[24-27,49]、流行追随意識の低い学生たちも流行度が高めと評価しています。これからこれらのアイテムが定番化しつつあるとも言えます。

表2-2　被験者のワンピースに対する流行度合いの評価得点（流行追随意識による相違）

アイテム	流行追随意識の高い学生たち	流行追随意識の低い学生たち	有意水準
	平均値	平均値	
エスニック柄マキシ丈ワンピース	3.10	2.52	*
ボーダー柄マキシ丈ワンピース	2.98	2.48	*
ギンガムチェックワンピース	2.92	2.50	*
白シャツワンピース	3.36	3.06	
花柄オフショルダーワンピース	2.80	2.56	
シフォン小花柄ワンピース	2.92	2.84	
無地とドットの切り替えワンピース	2.58	2.56	
白レースコットンミニワンピース	2.92	3.04	

*p<0.05
Wilcoxon-Mann-Whiteny 検定

ボトムスに対する流行度合いの評価得点においても、流行追随意識の高い学生と低い学生の2つのグループにおいて差があるか？について、Wilcoxonの順位和検定を用いました[51,52)]。

その結果、ボトムスでは、クラッシュパギンス、バギーパンツ、ハイウエストキュロットにおいて、流行追随意識の高い学生と低い学生における平均値の差に、有意水準5%で統計学的差違が認められました。前述同様にこれらのアイテムはオピニオンリーダーにより先導されているのです。

表2-3　被験者のボトムスに対する
流行度合いの評価得点(流行追随意識による相違)

アイテム	流行追随意識の高い学生たち	流行追随意識の低い学生たち	有意水準
	平均値	平均値	
クラッシュパギンス	2.68	1.76	＊
バギーパンツ	3.18	2.50	＊
ハイウエストキュロット	3.32	2.80	＊
コットンレースのロングスカート	2.90	2.68	
フレアデニム	2.88	2.66	
コクーンミニスカート	2.22	2.00	
ベージュのショートパンツ	3.44	3.10	
透かしレースショートパンツ	3.32	3.34	
チノパン	3.32	3.34	
かぼちゃショートパンツ	2.50	2.42	

＊$p<0.05$
Wilcoxon-Mann-Whiteny 検定

ボトムスでは、ベージュのショートパンツ、透かしレースのショートパンツ、チノパンにおいて、流行度合いに対する評価得点が高いにも関わらず有意差が認められませんでした。前述と同様に定番化の現れとみられます。「流行と定番の位置関係は、商品のライフサイクルによると、導入→流行→定番→衰退になっており、流行のあとに定番化がやってくるのです。もちろん、これらは商品が正当な評価を受けて、世に出て、一連の時間の流れとともに、ライフサイクルに乗ること」[49]とされています。この場合の乗ることになった例がここでの結果に反映していると思われます。

繰り返して、強調すると、平均値の差に統計学的差違が認められた6アイテムは、流行追随意識の高い学生たちが注目している先を行くアイテム、もしくは、これから広まっていくアイテムと考えられます。

3-3. 流行意識とファッションアイテムとはどう関わるの？

1）ワンピース

主成分分析より得られた第1主成分により、流行追随意識の高い学生たち50名と流行追随意識の低い学生たち50名を抽出しました。これらの2つの学生グループによる評価得点の平均値の差に着目しました。

図2-1は、流行追随意識の高い学生と低い学生のワンピースに対する評価得点の平均値の差の順位です。横軸は平均値の差の値です。日銀などの景況感調査などで使われる手法に倣って流行意識の得点差により流行注目アイテムを探索しようとしています。

ワンピースではエスニック柄マキシ丈ワンピースの得点差が最も大きく

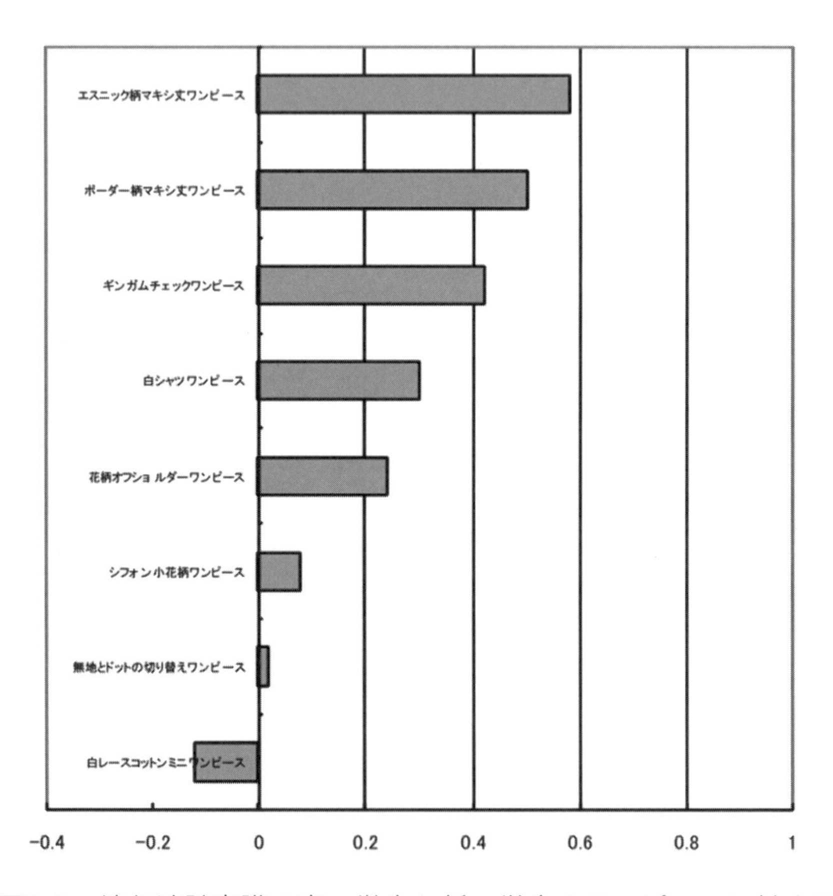

図2-1　流行追随意識の高い学生と低い学生のワンピースに対する評価得点における平均値の差

なっています。つまり、流行先端系の女子学生たちの強い流行意識によって支えられている最も際立っているのがこのワンピースと言えます。それに次ぐのがボーダー柄マキシ丈ワンピース、ギンガムチェックワンピースです。マキシ丈ワンピースは2011年春さらに洗練されて新しいコーディネート対象として注目されているアイテムです。今まで皆が持っていた花柄やドットのワンピースとは違うタイプのテイストを加えたアイテムとも言えます。ギンガムチェックワンピースは、ビビットなカラーでポップなものや、クールで大人テイストのものまでバリエーションも豊富です[53)]。ギンガムチェックワンピースは、この2011年春急浮上したアイテムでもあり、流行に敏感な学生の注目を集めています。図2-1には、学生たちのこうした評価が反映されていると考えられます。

また、主成分分析により得られた第2主成分である、差別化の意識の高い学生たち50名と低い学生たち50名の学生群による評価得点の平均値の差にも着目しました。図2-2は、差別化意識の高い学生と低い学生のワンピースに対する評価得点の平均値の差の順位です。エスニック柄マキシ丈ワンピースの得点差が目立たなくなっています。ここでは、差別化意識がありながらも、逸脱したもので個性発揮したいという意識ではなく、流行の流れの中で小さな違いを求める意識が表れていると考えられます[12,54,55)]。これは、既に述べた瑣末なことでの流行感です。

2）ボトムス

図2-3は、流行追随意識の高い学生と低い学生のボトムスに対する評価得

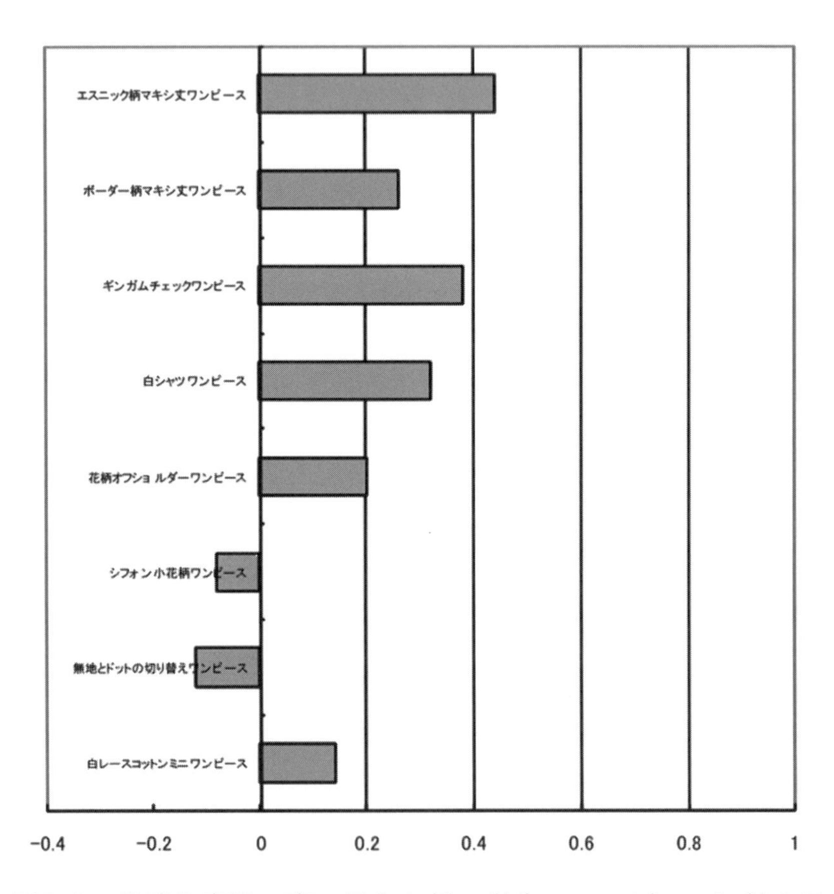

図2-2　差別化意識の高い学生と低い学生のワンピースに対する評価得点における平均値の差

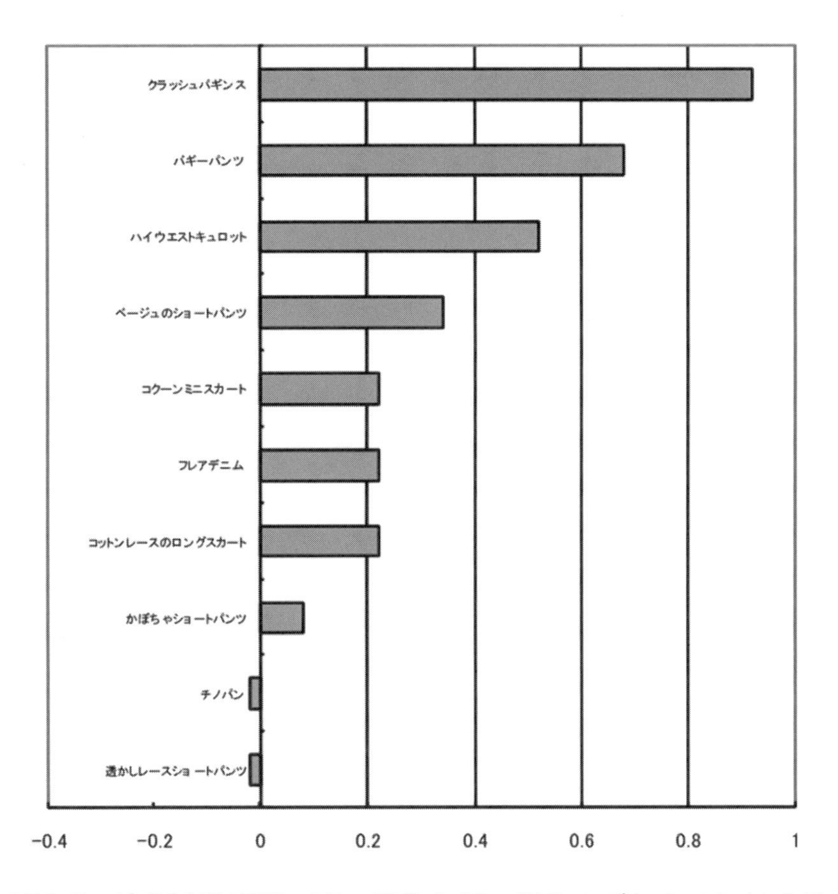

図2-3　流行追随意識の高い学生と低い学生のボトムスに対する評価得点における平均値の差

点の平均値の差の順位です。クラッシュパギンスの得点差が最も大きくなっています。それに次ぐのがバギーパンツ、ハイウエストキュロットです。今までのシンプルなスキニーパンツ（皮膚のように体にフィットしているぴったりとした極細パンツ）では物足りない人たちに、カラーバリエーションも豊富なクラッシュパギンスは人気があります。また、デニム生地でありコーディネートとして合わせやすく、アクセントになるポイントとして目を引くアイテムでもあります。

一方では、ショートパンツ一色であった女子学生がこれまで身につけなかった70年代調のワイドなバギーパンツやハイウエストキュロットも注目されています。大きめシャツやかっちり白シャツをインした（パンツに上半身に着ている服を入れて着ること）70年代調スタイル、つまり、フォークロアファッションを始めとして、エスニック、ヒッピースタイルなど70年代を彩ったファッション風のスタイルとして今シーズンらしいコーディネートが雑誌でも紹介されています。

以上のファッショントレンドの中に、ファッションアイコン、つまり、誰もが認めるオシャレやファッショナブルで流行の先端を行っているシンボル的な存在の人物として注目されているニコール・リッチーや、アレクサチャン、ケイトモスのスタイルや、2010年から世界で注目を集めているファッションブロガーであるルミ・ニーリーのスタイルが滲んでいるのも2011年春の気分と言えます[56,57)]。『ViVi』や『Sweet』では、お手本にしたいモデルとして特集が組まれていて、なりきりファッションとして、彼女たちが実際に着用している衣服と似たような商品が掲載されています。

図2-4は、差別化意識の高い学生と低い学生のボトムスに対する評価得点の平均値の差の順位です。クラッシュパギンス、バギーパンツ、ハイウエストキュロットの得点差が大きくなっています。

以上の結果に見られるように、ワンピースに比べて、ボトムスの、特にパンツにおいて評価得点が高くなっており、ここ数年続いたワンピースブームからパンツへの流行のシフトが予感されます。

流行における多様化現象が言われてから、少なくとも10年以上は年月が経っています[49)]。ひとりの人間の中でニーズとシーズ、つまり、潜在化した要望がたくさん存在しているのです。人びとは、ある時には流行を取り入れ、ある時には、定番で無難に着こなすのです。このように、ひとりの人間の中でも多様化が浸透している現在においては、多くの人々が一斉に同じ方向を向く、あるいは同じ商品を追いかけることが、たいへん難しいように思われます[49)]。

こうした指摘は、現在の社会を言い当てていると考えられます。しかし、一方では、本書でのアンケート結果が示しているのは、流行には、ファッションリーダーの存在があり、その影響は、小さくないと言えるのです[58-65)]。

3-4. ファッション雑誌に流行レベルの推移は見えるの？

1）流行を先導する主要ファッション雑誌

ファッション情報の伝播は、流行現象の構築のためには、不可欠であり、かつ、大きな影響を与えます。そのなかでも、ファッション雑誌の力は大きいです[66-72)]。ＴＶ、インターネット、新聞など、多様な情報発信手段が

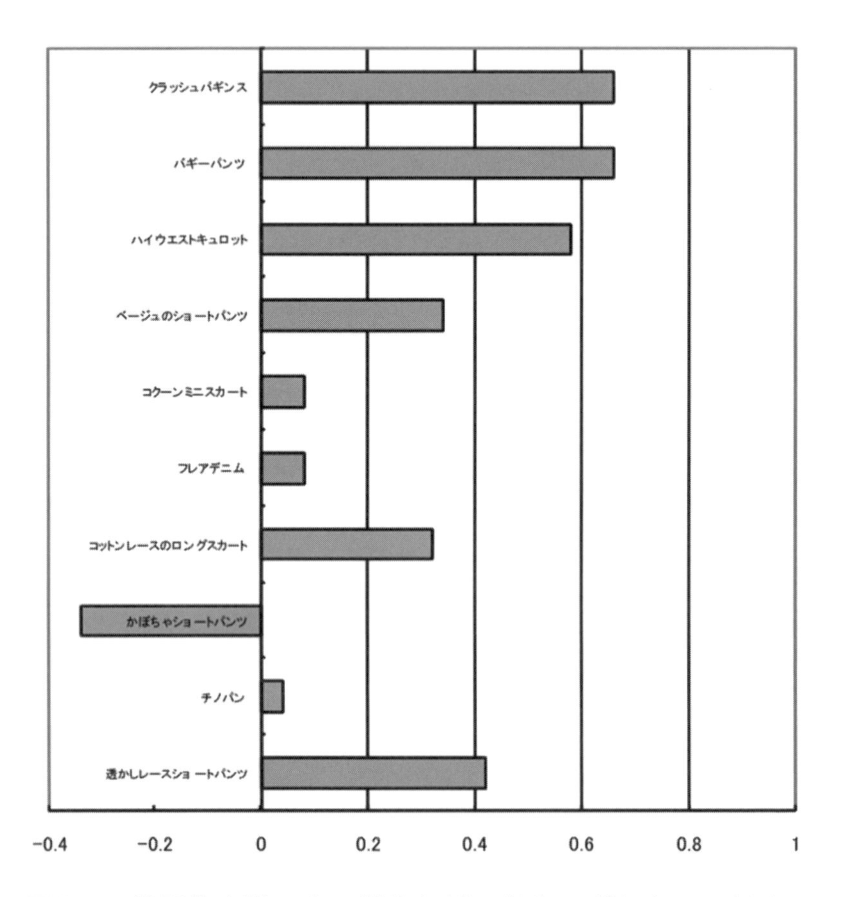

図2-4　差別化意識の高い学生と低い学生のボトムスに対する評価得点における平均値の差

普及する現状においても大きな影響力を有すると考えられます[73-81]。女性向けのファッション雑誌の種類もテイストや客層により多様化しています。これらが創刊されたのは、既製服を購入し組み合わせて着る時代になった1970年代です。それ以前は、1946年『装苑』雑誌の復刊、1949年『ドレスメーキング』創刊に見られる服を仕立てる時代です。服の専門家の目で選び、組み合わせてみせるファッション雑誌として、1970年『an・an』、1971年『non-no』、1975年『ＪＪ』、1976年『ポパイ』などが次々に創刊され、若者たちの心をつかんでいきました[69,88,92]。

インターネットが普及した今日においても、ファッションに関して雑誌メディアの勢いはいまだ衰えていません。わが国では多くの女性向けファッション雑誌が出版され、それらは提案するスタイルに応じて細かく分類されています。女性向けのファッション雑誌は世界一のセグメンテーションを持つといわれ、その様相はまさに百花繚乱です。読者は年齢やライフスタイルに合った雑誌を選択することができ、装いの多様性という意味では非常に恵まれた環境にあると言えます[90,93,94]。

流行を発信しているとも言えるファッション雑誌から、トレンドの推移をファッションアイテムの写真掲載数に着目して検討しました。ここでは個別アイテムとしてトップスからはマキシ丈ワンピースを、ボトムスからはバギーパンツに注目して検討を進めました。その理由は、これまで述べたように、流行追随意識の高い学生たちと低い学生たちとの評価得点の違いが明瞭であるアイテムだからです。また、ファッション雑誌からは、『ViVi』、『Sweet』、『MORE』を選び出しました。各雑誌の特徴は、以下の通りです。読者の世代が明らかに段階的に異なっている特徴があります。

『ViVi』は一般的には、『CanCam』、『JJ』などと同列に扱われ「赤文字系雑誌」と総称されることがあります[82,83]。近年はお姉ギャル系ファッション（ギャル系よりも年上が行うファッション）の方向にシフトしています。女性雑誌のポジショニングマップ、つまり、市場における雑誌の立ち位置から言うと、『ViVi』は「お姉ギャル系であると共に、流行受容感度高＋モデル志向である。ViViモデルズと呼ばれるViVi専属モデルは読者に特に支持されており、TV、映画、イベント等、雑誌の領域を超えた活動でも注目されている。」[69]と言えます。2010年度の日本国内の発行部数は約43万部です。『ViVi』は、男性に好感をもたれるお姉系ファッションを掲載する赤文字系雑誌の中で第1位のファッション雑誌です[84]。対象年齢層は19-24歳で、女子学生とOLがメインターゲットとなっています。ファッション、ビューティー、海外セレブに関する記事が中心となっており、他の赤文字系雑誌に比べてハーフ（またはミックス）の専属モデルの多い点が特徴です。誌面では、レギュラー出演するViViモデルズや読者世代に人気の高い歌手の連載が毎号行われています。いち早く流行を知って、それをどう使うかファッション情報と実用情報が満載の雑誌です。「私たちのリアル＆最先端を周りにも発信したい！」というパワフルな読者の今を反映し、毎号次に「絶対流行するモノ」を発信しています。カジュアルでセクシーさも兼ね備えた個性的な大人ギャル系、つまり、セクシーさや華やかさだけではなくモノトーンを取り入れるなどギャル系より大人らしいと感じられる要素をプラスしたスタイルを中心に、MIXカジュアルな、つまり、ガーリーやフェミニンなアイテムにカジュアルなアイテムの組み合わせや、クールコーディネート、つまり、オシャレでかっこいいと思われるコーディネートを紹介しています[85]。

『Sweet』は、赤文字系雑誌に対して『SPRING』などとともに「青文字系雑誌」（青文字系は個性的で同性受けするファッションで赤文字系と区別するために便宜上名づけられ、雑誌タイトルが青い訳ではないです。）と呼ばれています。創刊は1999年3月で、「28歳、一生“女の子”宣言！」や「大人可愛いスウィートワールド」がコンセプトとなっています[86]。女性雑誌のポジショニングマップでは、「ナチュラル系、流行受容感度低」と言えます[69]。28歳の女性がメインターゲットで読者は20代後半から30代前半を対象としたいわゆるアラサー向け雑誌です。人気ブランドの小物アイテムが豪華な付録としてついているのが最大のポイントで、付録目当てにターゲット層以外の幅広い年代女性から支持を集めており[87,88]、2010年9月時点で、発行部数は107万部です[89]。ヤングアダルトからミセス対象のレディース雑誌としては売上第1位を記録しています[85]。

トレンドを押さえた流行の衣服を取り入れつつ、比較的2010年頃からの平均的なスタイル、つまり、多くの女性に支持されるファッションを提案しています[90]。女の子らしいガーリーなファッションや大人可愛いカジュアルスタイルを中心に大人ガーリーな、つまり、女の子らしくはあるものの子供っぽくならないコーディネートから、クールでオシャレな、つまり、かっこよく流行を取り入れていると思われるコーディネートや、さらには海外のトレンドまでを意識しています。コレクションで注目を集めたキーワードを基に読者がリアルに使えるアイテムやコーディネートなどを紹介しています[85)]。

『MORE』は1977年創刊の雑誌です[85,91)]。すでに創刊されていた『non-no』の読者が次に読む雑誌として発売され、20代から30代の独身女性をメインターゲットにしており、OL向けの内容です[85)]。「明日のわたしのために。若い女性のクオリティライフマガジン」がコンセプトとなっています[86)]。トレンドを取り入れたフェミニン&カジュアルスタイルが中心です。お洒落な仕事着スタイルや、着まわしコーディネートを紹介しています。20代女性のファッション情報を軸に、化粧品やスキンケアといった女性達の関心の高い情報にも重点がおかれて誌面が構成されている雑誌です。いわゆる女性雑誌の典型的な姿を継承しているファッション雑誌です[70)]。

以上の通り、これらの3種類の雑誌の読者層は、いわば、10代後半から30代半ばまでのファッション世代を年代別に区切りうるものです。

毎月ごとに発刊される雑誌を5年間にわたり調査した結果をこれから述べます。

2）マキシ丈ワンピースのファッション雑誌での推移

図2-5は、ファッション雑誌における毎月号におけるマキシ丈ワンピース着装写真数の推移です。(a)の『ViVi』では、2010年に圧倒的なピークがあり2009年に比べるとおよそ3倍の掲載枚数となっています。ところが、2011年には、2009年と同レベルに落ち着き、終息に向かっているのが明らかです。2011年におけるピークは、残影による瑣末性とも言えます。流行は、従

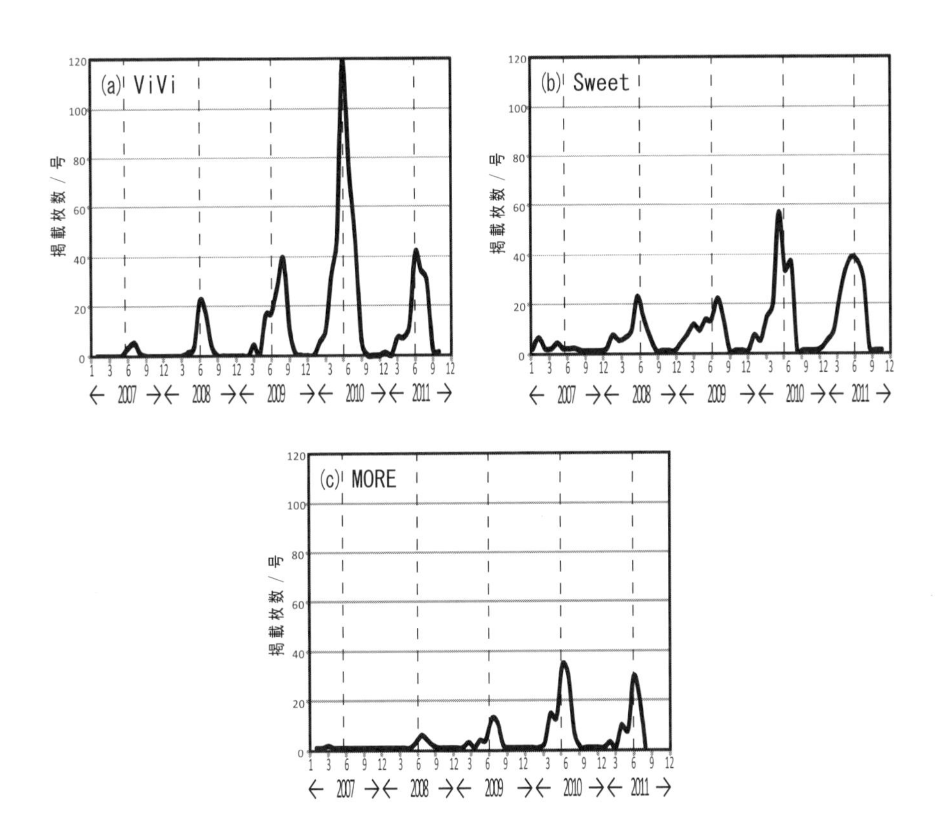

図2-5　ファッション雑誌における各号ごとのマキシ丈ワンピース着装写真数の推移（2007年～2011年）

来とは異なる様式の普及ではありますが、一般的には、そのもの自体の基本様式を基礎にして、部分的に変更可能な範囲で生じています。その様式が持つ基本的部分は、欠かすことのできないそれぞれの機能を持っていて、変更したり交換することは困難です[95]。ここでいう基本様式はマキシ丈ワンピースです。2010年に大流行となったマキシ丈ワンピースは、2011年では、エスニック柄やボーダー柄といった部分的に変更可能な範囲で変化をつけて市場に残っていると考えられます。(b)の『Sweet』でも同様に2010年にピークがあり、2011年はそれを引きずりながらも減少傾向にあるのが見えます。(c)の『MORE』においても2010年にピークがありますが、他の2誌に比べ2008年、2009年にはほとんど掲載されていないのに加え、掲載月にややずれがあり、他2誌に比べ流行感覚への時間の遅れが見て取れます。

20世紀ファッション年表[96]によると、1974年の流行アイテムとしてロングスカートが挙げられています。1970年春のパリコレでは、80%ぐらいがスカート丈を長くしていました。またほとんどはウエストラインを復活させています。65年からのミニスカートを代表とするスポーティブ&アバンギャルド感覚、つまり、カジュアルな雰囲気でありながら独創的で先鋭的なデザインは、57年のサックドレス登場以後、十年余りにしてようやくフェミニン&クラシック感覚、つまり、女性らしくもあり普遍的なデザインに転換しようとしていました。婦人服の歴史を見ればわかるように、ヨーロッパでは19世紀までずっとロングスカートでした。そして1920年代にはじめてひざ丈のショートスカートを経験したものの、30年代には再び長くなっています。40年代の戦時中はショートになりましたが、1947年のディオールのニュールック以降、50年代にはロングスカートが続いていました。そして58年のサックドレスの流行からショートになり、65年からのミニスカートとなって行きました[94,96]。いきなり大流行とまではいかないにしても、過去に長い経験のあるロングの流行は間違いなく現れると予測されるものでした。1970年にパリコレに登場してからのおよそ4年後の1974年に本格的な流行となりました。また、この流行にはエスニック＆フォークロアの感覚が同在したものでした[94]。

流行の原則に従い、流行としては終息を告げようとしているものの、マキシ丈という基本的な構造自体は定番化へ向かう可能性も窺えます。実際、2011年の秋冬において、『NETViVi』（ViViのネット通販サイト）では「秋マキシ特集」が組まれ、すでにSOLD OUTとなっている商品も多数みられました。「秋は脱ミニスカートが気分」と紹介されています[97]。

3）バギーパンツのファッション雑誌での推移

図2-6は、ファッション雑誌の毎月号におけるバギーパンツの着装写真数の推移です。（a）の『ViVi』では、2007年に大きなピークがあり、一度流行し、翌年からは減少し、ある程度のレベルで残っていたアイテムではありましたが、再び2011年の春頃にピークを迎え、流行再来の兆しがみえます。（b）の『Sweet』においては、『ViVi』でのピークである2007年6月より後の、2007年10月に小さなピークが出現するものの、その後ほとんど掲載されず、2011年の春頃に急激なピークを迎え、新しい流行アイテムとして注目されています。（c）の『MORE』においては、Sweetと同様に『ViVi』

に遅れた2007年10月にピークがあり流行しましたが、その後ほとんど掲載されることはなく、2011年の春に再びピークを迎えました。

先に述べたように、『ViVi』は、カジュアルで、セクシーさも兼ね備えた個性的な大人ギャル系スタイルが中心となっています。MIXカジュアルなコーディネートにおいてはバギーパンツやデニムスタイルは欠かせないアイテムとなっているため、定番として残ったと言えます。また、『MORE』における2007年のピークも同様にデニムスタイルを取り入れたカジュアルなファッションにおいて取り入れやすいことが理由に挙げられます。一方、『Sweet』は、女の子らしいガーリーなファッションや大人可愛いカジュアルスタイルが中心であるため、誌面でもワンピースやミニスカートが多い特徴が見受けられます。そのため、バギーパンツにおいては定番化するというよりは、流行のアイテムの一つとして見られているようです。図2-6での変化は、1971年から73年にかけての、シティパンツがパンタロンと呼ばれて爆発的な大流行となっていった過程によく似ています。

1968年から一部の若者で流行したジーンズは、ベーシックなデザインであり、股上が浅く、シルエットはストレートでした。ところが、パンタロンはウエストラインをハイラインでマークしており、ヒップ周りは体型にタイトにフィットさせたボディコンシャス・タイプでした。そしてシルエットはほとんどフレアードでした。また、ジーンズもベーシックジーンズとは別にソフトデニムを用い、シルエットは流行のパンタロンと同じく、ウエストマークで膝から上はタイトにして、ひざ下をフレアードにしたタイプです。このようなデザイン感覚はソフトなフェミニン調であると言えま

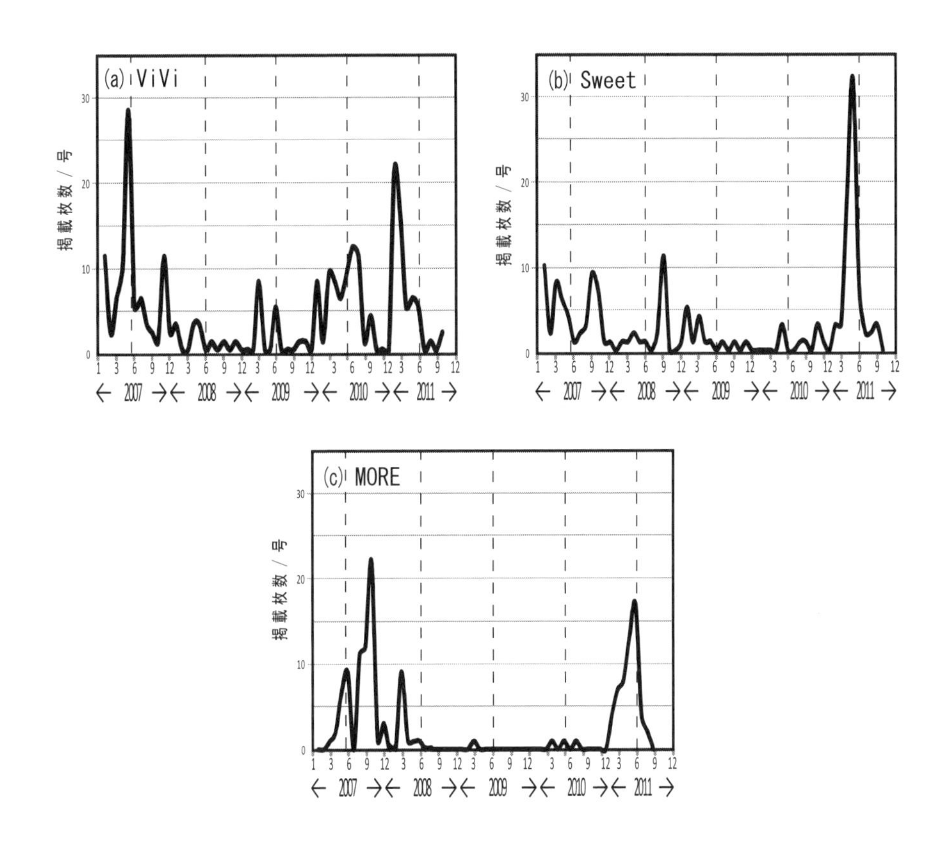

図2-6　ファッション雑誌における各号ごとのバギーパンツ着装写真数の推移(2007年〜2011年)

す[94,96,98]。

1970年にもパンタロンはまったく姿を消していたわけではありませんでした。すでに68年からコンテンポラリーな、つまり、現代的な感性や時代の流れを取り入れた感覚のファッションとして、マイナーマーケット、つまり、小規模な市場を形成しつつありました。これに相当するのが『ViVi』における2007年から2010年までの変化です。そして1970年秋あたりからマーケットサイズ、つまり、市場規模が大きくなり始め、本書で注目しているファッション雑誌3誌における2011年のピークがこれに相当します。1971年の秋冬シーズンには、流行商品の花形としてクローズアップされていました[94]。バギーパンツのマーケットサイズが大きくなり始めている2011年、バギーパンツスタイルのお手本とされている女優のジェーン・バーキンやソフィア・ローレンが再び注目されており、今後のマーケット拡大が期待されています[53,99,100]。

マキシ丈ワンピースは1974年に流行したロングスカートに、バギーパンツは1971年に流行したパンタロンの再来とも言えます[101-103]。ここでの流行は、流行論における「最近のもの」[13]であり、なんらかの意味で「目新しい」様式と言えます。古着ファッションにおけるようなそのもの自体の新しさはさして重要ではありません。たとえ古いスタイルでも、その時々に人びとに新しいものとして映り、新規性が知覚されることの方が重要なのです。何年か前に存在していたものの、すでに捨てられていた古いものが、現在になって再び新しさが知覚され、採用され、普及することがあり、その観点において流行には周期性が見られると言えます[95,104-107]。

4. 追随しながらも差別化が、ファッションの特徴？

この章では、女子学生のファッション意識を2011年春夏の流行アイテム動向に着目して、解析しました。18歳から22歳までの女子大学生276名を対象に、質問紙による集合調査を行いました。それらに、ファッション行動に対する5項目に主成分分析を適用しました。その結果、固有値および寄与率の吟味により、2個の主成分が抽出されました。

第1主成分は流行追随意識として、第2主成分は差別化意識として解釈しました。これらの解析結果は、ジンメルの流行意識に関わる社会学的理論と合致していると考えられました。

さらに、ファッションアイテム18項目に対するアンケート結果を解析しました。主成分分析で得られた結果に基づいて調査対象者を流行追随意識の高い学生と低い学生に分け、2011年春夏アイテムの評価得点の平均値の差により各アイテムの流行度合いを評価しました。

流行現象を目で見る観点から、ファッション雑誌からファッションアイテムの写真掲載数に注目し、どの期間にどの程度掲載されているか、つまり、流行レベルの推移を数量的に明らかにしました。ファッション雑誌から、『ViVi』、『Sweet』および『MORE』を選び出して検討しました。これらの雑誌の読者層は、いわば、10代後半から30代半ばまでのファッション世代を年代別に区切りうるものです。マキシ丈ワンピースとバギーパンツには、写真掲載数を指標とすると明瞭な年次変動が認められました。流行の発信と伝播の傾向が見てとれました。若年女性にとっては、ミニワンピースからマキシ丈ワンピースへ、ショートパンツからバギーパンツへの変化は目新しい様式として映り、ファッション雑誌における写真掲載数の推移にみられるピークとして発現され、トレンドの大きな流れとして捉えられることが判りました。つまり、若年女性の流行意識を形成している1つの要因であるファッション雑誌の写真掲載数から、流行の一側面を捉えることができました。

参考文献

1) 鈴木理紗, 神山進『被服と自己呈示に関する研究「被服によって呈示したい自己」および「自己呈示に係わる被服行動」』繊維製品消費科学, 44(11), 2003, 652-665

2) 辻幸恵, 高木修, 神山進, 牛田聡子, 阿倍久美子『着装規範に関する研究(第7報):着装規範同調・逸脱がもたらす感情と規範意識高低による差異』繊維製品消費科学, 42(11), 2001, 28-34

3) 牛田聡子, 高木修, 神山進, 阿倍久美子, 辻幸恵『着装規範に関する研究(第8報):着装規範同調・逸脱がもたらす着装感情を規定する個人差要因(自意識・自尊心・独自性要求)』繊維製品消費科学, 42(11), 2001, 35-42

4) 神山進『被服による消費者の自己拡張－被服は消費者の自己拡張をいかに生み出すか』繊維製品消費科学, 52(2), 2011, 92-94

5) 神山進『変身の消費者心理 』彦根論叢, 377, 2009, 59-92

6) 神山進『繊維ならびにアパレル製品の小売市場と消費者行動(1)』彦根論叢, 221, 1983, 97-120

7) 中川由理, 高木修『青年が被服で自己表現しようとする欲求の喚起－アイデンティティ確立と自己イメージに着目して(特集　被服の社会心理学的研究)』繊維製品消費科学, 51(2), 2010, 139-142

8) 市川(向川)祥子『きょうだい数・きょうだい構成・出生順位が被服を中心としたおしゃれへの関心に及ぼす影響－小中学生を対象とした研究』繊維製品消費科学, 51(5), 2010, 441-451

9) 永野光朗『心理学分野　衣服と装身の社会心理学的研究－過去の研究と最近の動向をふまえて』繊維製品消費科学, 50(10), 2009, 766-771

10) 平野英一『流行のシステムと消費』繊維製品消費科学, 42(12), 2001, 10-15

11) Solomon Michael R.Fourth ed『Consumer Behavior』Prentice-Hall, 1999

12) 辻幸恵『流行に敏感である女子大学生の特性とそれに関する要因分析』京都学園大学経営学部論集, 9(2), 1999, 89-108

13) 川本勝『流行の社会心理学』勁草書房, 1981

14) 徳山美津恵『消費者行動とマーケティング(10)ブランド・ポジショニングと消費者の認知』繊維製品消費科学, 53(9), 2012, 685-692

15) 高橋広行, 徳山美津恵『消費者行動とマーケティング(11)消費者視点のカテゴリー・マネジメント』繊維製品消費科学, 53(10), 2012, 780-787
16) 圓丸哲麻『消費者行動とマーケティング(8)消費者行動とライフスタイルの関係』繊維製品消費科学, 53(6), 2012, 423-429
17) 岡山武史『消費者行動とマーケティング(7)小売企業のブランド戦略:アパレル小売企業を中心に』繊維製品消費科学, 53(5), 2012, 322-326
18) 杉谷陽子『消費者行動とマーケティング(4)「強い」ブランドの態度構造を探る:アパレル製品に対する消費者の認知と感情』繊維製品消費科学, 53(2), 2012, 102-107
19) 長沢伸也『ルイ・ヴィトンの法則』繊維製品消費科学, 50(4), 2009, 287-298
20) 辻幸恵『若者が求める繊維・ファッション－未来への提言』繊維機械学会誌, 62(1), 2009, 70-74
21) 辻幸恵『企業心理と消費者心理研究の将来』繊維機械学会誌, 61(4), 2008, 310-312
22) 井上隆亮『価格破壊と商品の価値』繊維製品消費科学, 37(1), 1996, 27-32
23) 戸叶光子『流行への対応:流行に関する意識調査からの一考察』文化学園大学研究紀要, 7, 1976, 77-88
24) 嶋明『ファッション流行情報(12)2010年春夏傾向』洗濯の科学, 55(1), 2010, 42-47
25) 嶋明『ファッション流行情報(13)2010年秋冬傾向』洗濯の科学, 55(3), 2010, 32-37
26) 嶋明『ファッション流行情報(14)2011年春夏傾向』洗濯の科学, 56(1), 2011, 42-47
27) 嶋明『ファッション流行情報(15)2011年秋冬傾向』洗濯の科学, 56(3), 2011, 38-43
28) 小野幸一, 山本二美恵, 孫珠熙『ファッションを学んでいる女子学生の意識・行動に関する研究:名古屋地区の推移』名古屋文化短期大学研究紀要, 38, 2013, 15-26
29) 和田みなみ, 山口奈美, 増田智恵『女子大生の「着まわし」における実態調査』三重大学教育学部研究紀要, 64, 2013, 101-113
30) 山田真璃奈, 丹田佳子『女子大生のファッションと大学イメージの比較』武庫川女子大学紀要, 60, 2013, 49-55
31) 金光淳『「第四の消費」時代の女性消費者クラスターのマッピング:ハイブランド/ローブランドのファッション関連アイテム購入金額パターンのクラスター分析』京都産業大学京都マネジメント・レビュー, 22, 2013, 111-132
32) 孫珠熙『構造方程式モデリング手法を用いた女子学生のファッション行動と購読女性雑誌の検討－2008年～2010年の傾向を中心に－』日本家政学会誌, 64(3), 2013, 147-156
33) 三宅元子『高校生の消費行動の実態:消費者リテラシー教育の視点から』日本家政学会誌, 63(6), 2012, 327-336
34) 孫珠熙『熊本市の若者のファッション行動:東京のストリートファッションとの比較』富山大学人間発達科学部紀要, 7(1), 2012, 107-115
35) 杉田秀二郎, 野口京子『女子大学生の健康観と被服行動との関連についての探索的研究(特集　被服の社会心理学的研究)』繊維製品消費科学, 52(2), 2011, 100-106
36) 伊地知美知子, 小田巻淑子, 小林茂雄『女子学生の身体に対する意識と着装の工夫－1992年と2006年の対比』日本家政学会誌, 61(4), 2010, 213-220
37) 三宅元子『高校生の消費者意識と消費者知識の実態』日本家政学会誌, 61(12), 2010, 819-826
38) ハーブ・ソレンセン『「買う」と決める瞬間－ショッパーの心と行動を読み解く』ダイヤモンド社, 2010

39） 田中洋『消費者行動論体系』中央経済社, 2008
40） 前田洋光『心理学研究の最前線(その1)消費者心理学の最前線(第5回)消費者行動とブランド』繊維製品消費科学, 49(1), 2008, 18-23
41） 松原隆一郎, 辰巳渚『消費の正解』光文社, 2002
42） G.Simmel, 円子修平, 大久保健治[訳]『文化の哲学－ジンメル著作集7－』白水社, 1976
43） 辻幸恵, 田中健一『流行とブランド』白桃書房, 2004
44） 辻幸恵, 朽尾安伸, 梅村修『地域ブランドと広告－伝える流儀を学ぶ－』嵯峨野書院, 2010
45） 辻幸恵, 梅村修, 水野浩児『キャラクター総論　文化・商業・知財』白桃書房, 2009
46） 辻幸恵, 梅村修『ART Marketing』白桃書房, 2006
47） 山崎茂雄, 辻幸恵, 立岡浩, 生越由美, 林紘一郎, 鈴木雄一『デジタル時代の知的資産マネジメント』白桃書房, 2008
48） 辻幸恵『流行と日本人　若者の購買行動とファッションマーケティング』白桃書房, 2005
49） 辻幸恵『流行と定番の間でゆれる購入心理』繊維機械学会誌, 56(12), 2003, 486-493
50） 神山進『繊維ならびにアパレル製品の小売市場と消費者行動(2)』彦根論叢, 224, 1984, 219-257
51） 石村貞夫『SPSSによる統計処理の手順　第5版』東京図書株式会社, 1995
52） 福森貢, 堀内美由紀『看護・医療系データ分析のための基本統計ハンドブック』ピラールプレス, 2010
53） 『Sweet』宝島社, 4, 2011
54） 阿部久美子『女子大生のライフスタイルと被服行動(第1報):日本の女子大生のファッション嗜好性分類とライフスタイルとの関連性』光華女子短期大学研究紀要, 37, 1999, 23-43
55） 阿部久美子『最近の女子大生のライフスタイルとファッション意識・行動(第2報):中国(中華人民共和国)の女子大生における生活スタイルとファッション意識』光華女子短期大学研究紀要, 37, 1999, 45-60
56） 『ViVi』講談社, 5, 2010
57） 『ViVi』講談社, 6, 2010
58） 松本幸子『2007～2011年における女子大生の秋冬ファッションの変化－東京家政学院大学学生の場合－』東京家政学院大学紀要, 52, 2012, 179-184
59） 『ファストファッションの今後』週刊東洋経済, 6301, 2011
60） 山村貴敬『ファッション産業の現状と今後の展望』日本貿易会月報, 689, 2011, 10-13
61） 小野幸一, 孫珠熙, 宮武恵子『ファッションを学んでいる女子学生の意識・行動に関する研究－名古屋、京阪神、九州の3地域間の比較』ファッションビジネス学会論文誌, 15, 2010, 57-66
62） 山田桂子『東京ガールズコレクション』繊維トレンド, 11-12, 2010, 43-47
63） 竹内忠男『世界に発信する若者ファッションと文化:世界に謳歌する日本の「かわいい」ファッション、その意味するところとは』繊維学会誌, 66(7), 2010, 223-226
64） 川崎健太郎, 川本直樹『女子学生における衣料品の選択購入行動』繊維製品消費科学, 37(1), 1996, 39-45
65） 高木修, 神山進『被服行動の社会心理学』北大路書房, 2008
66） 新倉貴士『ブランドらしさの認知構図:女性誌ブランドのイメージに与える専属モデルとスタイリングの影響』商学論究, 60(4), 2013, 159-179
67） 香川由紀子『モード雑誌の表現分析方法の可能性:「書かれた衣服」から近代女性を探る』東京女子大学紀要論集, 62(2), 2012, 157-170

68) 坂本佳鶴恵『女性・男性雑誌とジェンダー規範、ファッション意識:首都圏男女への質問紙調査の分析』お茶の水女子大学人文科学研究, 7, 2011, 139-152
69) 孫珠熙, 小野幸一『女子学生のファッション意識と女性雑誌との関連』ファッションビジネス学会論文誌, 15, 2010, 67-78
70) 熊谷伸子『女子学生の購買行動におけるファッション雑誌の影響』繊維製品消費科学, 44(11), 2003, 637-643
71) 田中里尚『装いの情報伝達内容に関する研究－服装スタイルについて』繊維製品消費科学, 37(4), 1996, 41-51
72) 藤井康晴『女子大生の被服の関心度と自己概念および自尊感情との関係』家政学雑誌, 1986, 493-499
73) 久保田進彦『ブランド・リレーションシップ－消費者とブランドの絆－』繊維製品消費科学, 54(2), 2013, 123-129
74) 玄野博行『情報化の進展と流通をめぐる企業間関係:分析枠組みの構築に向けて』繊維製品消費科学, 53(8), 2012, 643-650
75) 森田修史『近未来の生活と消費科学(7)ライフスタイルを担うファッションとデジタル技術』繊維製品消費科学, 51(7), 2010, 548-556
76) 木戸出正継『ウェアラブルコンピューティングの現在・未来(1)ケータイからウェアラブルへ－ニーズの変化と技術の進化』繊維製品消費科学, 49(10), 2008, 679-686
77) 杉谷陽子『心理学研究の最前線(その1)消費者心理学の最前線(第6回)口コミと消費者行動－インターネット上の口コミの有効性』繊維製品消費科学, 49(2), 2008, 110-117
78) フィリップ・コトラー, 月谷真紀[訳]『コトラーのマーケティング・マネジメント　基本編』ピアソン・エデュケーション, 2007
79) 市川孝一『流行の社会心理史』学陽書房, 1993
80) 松江宏『現代マーケティングと消費者行動』創成社, 1990
81) 野中郁次郎, 羽路駒次『消費者の意思決定過程』東洋経済新報社, 1982
82) 田中里尚『赤文字系雑誌の80年代とその変容』文化女子大学紀要　服装学・造形学研究, 42, 2011, 31-38
83) Wikipedia『ViVi』Website http://ja.wikipedia.org/wiki/ViVi
84) 社団法人　日本雑誌協会『2011:女性ヤングアダルト誌(2009年10月1日－2010年9月30日)JMPAマガジンデータ』Website http://www.j-magazine.or.jp/data_001/index.html
85) 『MAGAZINE DATA』Website http://www.magazine-data.com/women-magazine/vivi.html
86) 『雑誌のオンライ書店Fujisan』Website http://www.fujisan.co.jp/
87) Wikipedia『Sweet』Website http://ja.wikipedia.org/wiki/Sweet
88) 難波功士『創刊の社会史』筑摩書房, 2009
89) 『weekly雑誌ニュース』Website http://www.digital-zasshi.jp/info/womenfashion-20s/
90) 佐々木孝侍『ファッション雑誌の読書傾向にみる痩身志向性の差異』繊維製品消費科学, 52(2), 2011, 107-112
91) Wikipedia『MORE』Website http://ja.wikipedia.org/wiki/MORE
92) 小原直花『婦国論　消費の国の女たち』弘文堂, 2008
93) 佐々木孝侍『ファッション雑誌の読書傾向にみる痩身志向性の差異(特集　被服の社会心理学的研究)』繊維製品消費科学, 52(2), 2011, 107-112

94) 千村典生『戦後ファッションストーリー』平凡社, 2001
95) 藤竹暁『流行ファッション』至文堂, 2000
96) 鷲田清一『ファッション学のすべて』新書館, 2007
97) 『NETViVI』Website http://www.netvivi.cc/list.php?c=8286&ref1=leftmenu
98) ミシェル・リー, 和波雅子[訳]『ファッション中毒』日本放送出版協会, 2004
99) 『Sweet』宝島社, 6, 2011
100) 『IENA』Website http://iena.jp/topics/182.html
101) 塚田朋子『ファッション・ブランドの起源』雄山閣, 2005
102) 中村雄二郎『正念場－不易と流行の間で－』岩波書店, 1999
103) 中小機構　経営基盤支援部『アパレルマーケティングⅡ－アパレル企業の流通戦略－』繊維産業構造改善事業協会, 1998
104) 石倉弘樹『雑誌掲載写真による女性ファッションの変化の分析－ボトムスの長さ及びメインカラーの時系列変化と景気動向との関係』大阪学院大学企業情報学研究, 10(3), 2011, 1-13
105) 池田謙一『クチコミとネットワークの社会心理』東京大学出版会, 2010
106) 青木幸弘『ブランド研究の過去・現在・未来』繊維製品消費科学, 42(8), 2001, 18-24
107) 杉本徹雄『消費者理解のための心理学』福村出版, 1997

第3章
いろいろなコーディネート、みんなはどう見ているのかしら？

1. ハナコジュニアの着装は自己主張の基本！

若い女性にとって衣服を選択することは自らの、美意識の顕在化に欠かせないものとなっています。一方では、着装の捉え方は個々の意識によって異なるはずです[1,2]。また、多様な価値意識を持つ女子学生たちが着装によってどのようなイメージを受けるのかは、ファッションビジネスの観点からも重要な課題と言えます[3-11]。顧客満足度の最大化を図ることが、ビジネスの重要戦略であるからです。着装による印象効果の評価は、ファッション情報の活用として重要なもののひとつです[12,13]。

これまでにも、社会心理学的な見地から広範な分野にわたってファッションに関わる検討がなされてきました[14-28]。衣服の社会・心理的機能について、高木[14]は具体的に3つ挙げています。(1) 自分自身を確認し、強め、あるいは、変えるという「自己の確認・強化・変容」機能、(2) 他者に何かを伝えるという「情報伝達」機能、(3) 他者との行為のやりとりを規定するという「社会的相互作用の促進・抑制」機能です。

身体装飾の知識や慣習は、社会システムのなかで培われてきたものです。それには必然的に集団における共通意識が反映しており、人間が衣服を着用する態様を形成する重要な要因となっています。若い女性の着装から受ける印象の検討はわが国の経済社会の発展にも貢献できます。それは、この世代はファッション市場におけるもっとも重要なターゲットであるからです[29-32]。

現在の日本社会における20歳代の女性達は、ハナコ世代を母に持つハナコジュニア世代と呼ばれています。80年代バブルの申し子とも呼ばれたハナコ世代は、学生時代は「女子大生ブーム」などで注目された元祖ＪＪ世代で、バブル景気も相俟って大いに青春を謳歌していました。その娘であるハナコジュニア世代は幼少期から何でも買い与えてもらう環境にあり、シックスポケッツ＋α（両親・両祖父母＋独身のおじ・おば）のお財布が自分に用意されている世代です。ファッションが好きな母親の影響もあり、小学生で女性歌手グループミニモニの漫画のキャラクターのようなファッションが流行したミニモニブームやナルミヤファッション、つまり、10代のタレントが着用したりジュニア向けのファッション雑誌で特集を組まれたりして爆発的な人気を得たナルミヤ・インターナショナルの主力ファッションブランド『ANGEL BLUE』を中心としたファッションを経験するなど、ファッションに関しては非常に早熟な世代でもあります[33,34]。

今日はかわいくガーリーに、明日は大人っぽくセクシーに、といったテーマを決めてその日の気分で着装スタイルを変えコスプレ感覚で色々なファッションを楽しみたいという意識も見られます。さらには、極端なギャルファッション、つまり、セクシーさや華やかさを重視したファッションや、個性派なストリートテイスト、つまり、カジュアルな重ね着スタイルに黒ぶちの伊達眼鏡をかけるようなファッションに走ることもありますが、流行をイイトコ取りした編集型ファッション、つまり、自分の感性や価値観に合うものをミックスして取り入れる傾向があります[33,34]。

女子学生は、この時期ある意味で、人生の中でも最も自由な時間と豊富な情報を持ち合わせています。アルバイトで貯めたお金で自分の判断で自由にモノを買えることもあり、ここでのファッション消費経験が、その後の衣服選択に大きな影響を与える可能性があります。

ファッションは多様化しています[29-34]。その一方で、ファッション雑誌やモデル、芸能人の影響を受けてもおり、いくつかの系統に類型化できると考えられます。若い女性にとって、着装は流行の実感を体現する方法であり、それによって自分が成長・向上するための有力な手段の一つと位置付けられてもいます。その点において他者からどのようにみられているかという印象の評価は非常に重要であると言えます。この章では、ファッションの類型化と着装に関わる印象を構成する要因は何かを語っていきます。

2. アンケート調査をしてみました

調査対象者は、関東圏に在住する18～22歳までの女子大学生および女子短期大学生230名です。2008年12月に調査を実施しました。集合調査法と呼ばれる、質問紙を大学の教室で配って記入してもらう方法で行いました。アンケートでは4種類の着装写真を同時にではなく1枚ずつ個々に提示して、ファッションに関する評価用語に対して肯定から否定の4段階の評価得点を求めました。

2-1. 着装スタイルの印象について

1）代表的着装とは？

こういう調査で難しいのは何を代表的着装とするかです。ここでは以下の手順で着装の選定を行いました。この調査で使用した4パターンの着装写真は予備調査を経て抽出されたものです。予備調査は次の3段階で行いました。

第1段階は、2007年雑誌販売実績全国総合ランキング（全国のTSUTAYAにおける15～34歳女性の販売実績）をもとに、上位50位内の雑誌の中から、ファッションのジャンルにとらわれることなく幅広い視点で女子学生の閲覧頻度が高い雑誌『Sweet』、『CanCam』、『SPRING』、『BLENDA』、『PS』、『non-no』など14冊を選出しました。

第2段階は、選出した14冊の雑誌およびキャンパスルック、ストリートファッション、つまり、表参道、渋谷、原宿などファッションの中心地である街でみられる流行の着装から、いまどきの若い女性の間で流行しているファッションを表していると思われる着装スタイルを選定しました。評価者は女子学生11名です。さらに、若い女性の着装スタイルを4パターンに集約しました。

第3段階では、4パターンの着装を表現するアイテムを同一人物に着用をさせ、実際の着装写真を撮影しました。これらは、すべて女子学生の手元にあるアイテムの中から取り揃えました。図3-1がまとめたものです。

2）どのような言葉で判定すればよいのでしょうか？

着装パターンA

着装パターンB

着装パターンC

着装パターンD

図3-1　若い女性における類型化による着装

着装パターンA：きれいなフェミニンスタイル
着装パターンB：同性からも好感のイイトコ取りスタイル
着装パターンC：ハイセンスで強い女らしさを持ったスタイル
着装パターンD：大人のこだわり、個性的でオシャレなスタイルこれらの着装写真に対する評価用語は、前述の雑誌に掲載されていたファッション用語や写真からイメージされる印象用語からできるだけ多く抽出し、その上で女子学生11名により選定しました。ファッション表現として妥当と思われる「個性的」、「愛らしい」、「清楚」、「トレンドを意識している」、「かっこいい」、「セクシー」、「華やか」などの24項目を評価用語として最終的に取りまとめました。

3) これらの4つの着装はどのような要素から成り立っているのでしょうか？

各着装の特徴がどう構成されているかをとりまとめました。いわば、こうしたファッションを選択する際の着装者である女子学生自身としての意識を整理してみました。

①きれいなフェミニンスタイル：着装パターンA

フェミニン、つまり、きれいに見える女性らしいスタイルであり、『CanCam』に代表されるかわいくありたいモテ系ファッションで、異性に好まれそうなファッションです[35)]。上品でかわいく着こなしたいというモテモードです[35)]。

②同性からも好感のイイトコ取りスタイル：着装パターンB

「ガーリー（少女のようなかわいさ）×セクシー×モードっぽさ（非凡なおしゃれ)」のイイトコ取りファッションであると言えます。締め付け感がなく、自然なシルエットなナチュラルさやフェミニンさをプラスしたカジュアルスタイルです。派手で目立つファッションというよりは、全般的に少しだけ際立ちたいといったゆるい感じ、つまり、同性からも好感を得たいと願う感じのファッションです。流行に追随することは、他人の行為を模倣する行為であり、社会から孤立したくない、他人と同一化したいという対応への欲求をも満足させるものです。その反面、親しい友人との歩調を合わせつつ、その中に自分らしさやコダワリを取り入れていきたいとの願いもあります。そうした意識が現れているスタイルであると言えます[36,37]。

③ハイセンスで強い女らしさを持ったスタイル：着装パターンC

近年のコレクションでは、エッジィでスタイリッシュな、つまり、かっこよく上品でハイセンスさを重視する「強い女性像」が出てきました。グッチのマニッシュなストレートパンツや、ジヴァンシーの肩を強調したジャケット、プッチのパンクテイストのファッションなどがその最たる例です。ここ数年の強い女性像は、ただ強いのではなく、セクシーさや女性らしさが表現されているのが特徴的です。それらは、女性らしくありながらも、しなやかに強くいきていこうとする現代女性たちの姿そのものでもあると言えます。現代の女性像を表現するこのスタイルは、強くてやさしい、フェミニンでクールといった、相反する要素をうまくブレンドして着こなすスタイルです[38,39]。

④大人のこだわり、個性的でオシャレなスタイル：着装パターンD

モードをリアルファッションに置き換えた、つまり、コレクションの最新トレンドの要素を取り入れ実際に着装できる現実的なファッションにした大人ストリート系であると言えます。つまり、カジュアルな要素にプラスして大人な上質さを併せ持ったスタイルです。個性的なファッションで、オシャレ着でもあります。個性とオシャレを追及したスタイルです。こだわりと流行のバランスはひとつの命題です。確固とした「こだわり＝アイデンティティ」を確保しながら、「流行＝時代性」を取り込んでいくスタイルです[40)]。もっとも、これを実行するのはなかなか難しいとも言えます。

2-2. 多数のデータをどうまとめたか？

データ解析には多変量解析の一つである主成分分析を用い、ボンド法を適用しました[41-48)]。さらに、この際に得られた主成分得点を用いて、4パターンの着装に対する女子学生のイメージを検討しました。

解析においては、固有値1.0以上の因子を抽出しました。また、着装に対する主成分分析によって求められた主成分得点を用いて、各着装パターンごとに平均値を求めました。その平均値の差の統計学的有意差をチューキーの方法を用いて検定しました[49,50)]。

1）実際のアンケートのとり方は？

各着装パターンに対するイメージ評価においては、1パターンずつ紙焼き写真にし、学生1人につき各1枚提示しました。被験者が見ているのは、常に1枚の写真だけです。同様にすべての着装を順次提示しました。それぞれの着装に対して、上述した24項目の評価用語に対して、「そう思う」、「ややそう思う」、「ややそう思わない」、「全くそう思わない」の4段階の選択肢で回答を求め、4から1の評価得点を割振りました。

3. アンケートの結果から何が判ったの？

3-1. 主成分分析で着装パターンを評価すると？

主成分分析を用いて4つの着装パターンに対する評価を解析した結果、表3-1に示す3つの主成分が抽出されました。

第1主成分は、「愛らしい」「清楚」「幸せ感がある」「女性らしい」「甘めファッション」「好感度が高い」「このファッションが嫌いな人はいなさそう」「ナチュラル」といった8項目から構成されています。これから、『女性らしい愛されスタイル』として解釈しました。

第2主成分においては、「小物使いがうまそう」「自己表現が上手」「人と違う格好を好みそう」「デザイナーズブランドを着てそう」「個性的」「こだわりが強そう」「さりげない」「かっこいい」「古着を好みそう」「大胆なかんじ」といった10項目から構成されているので、『個性的なこだわりスタイル』と解釈しました。

第3主成分では、「ブランド好きっぽい」「体のラインを強調してそう」「セクシー」「華やか」といった4項目から構成されているので、『ブランド意識が支える華やかさスタイル』として解釈しました。

各主成分の解析特性を表3-2に示しました。これらの3主成分の累積寄与率は59.6%でした。

以上を取りまとめます。4つの着装パターンから、若い女性の着装に対する印象を構成する要因は、『女性らしい愛されスタイル』、『個性的なこだわりスタイル』、『ブランド意識が支える華やかさスタイル』という3つの主成分によることが明らかになりました。

表3-1　着装に対する主成分分析による各主成分における評価項目

項目	第1主成分	第2主成分	第3主成分
愛らしい	0.813	-0.193	0.001
清楚	0.809	-0.297	0.120
幸せ感がある	0.806	-0.100	-0.049
女性らしい	0.797	-0.186	0.158
甘めファッション	0.792	-0.380	-0.089
好感度が高い	0.779	0.025	0.026
このファッションが嫌いな人はいなさそう	0.734	-0.055	-0.003
ナチュラル	0.633	-0.141	-0.522
小物使いがうまそう	-0.060	0.758	-0.076
自己表現が上手	-0.191	0.734	0.080
人と違う格好を好みそう	-0.523	0.695	0.064
デザイナーズブランドを着てそう	-0.168	0.651	0.299
個性的	-0.535	0.637	0.043
こだわりが強そう	-0.379	0.606	0.311
さりげない	0.244	0.590	-0.181
かっこいい	-0.536	0.571	0.314
古着を好みそう	-0.319	0.537	-0.485
大胆なかんじ	-0.514	0.501	0.415
ブランド好きっぽい	0.186	-0.162	0.790
体のラインを強調してそう	-0.153	0.141	0.758
セクシー	-0.283	0.283	0.688
華やか	0.382	0.020	0.669
トレンドを意識している	-0.022	0.130	0.002
流行に敏感そう	-0.010	0.262	0.132

表3-2　各主成分の特性

項目	第1主成分	第2主成分	第3主成分
	女性らしい愛されスタイル	個性的なこだわりスタイル	ブランド意識が支える華やかさスタイル
固有値	6.54	4.55	3.20
寄与率(%)	27.3	19.0	13.4
累積寄与率(%)	27.3	46.2	59.6

3-2. 着装パターンごとによる主成分の違いは？

表3-3は、各主成分における主成分得点による着装パターンの序列を示しています。これまで述べた着装の特徴が反映されています。

図3-2は、各着装パターンの主成分得点の平均値を布置した散布図です。第1主成分を横軸にとり、第2主成分を縦軸にとっています。つまり、4種類の着装パターンの相互の関係が示されています。

図3-2に示されているように、きれいなフェミニンスタイル(**A**)は、女性らしい愛されスタイルの印象が最も強く、個性的なこだわりスタイルの印象は最も弱いということです。一方、大人のこだわり、個性的でオシャレなスタイル(**D**)は、個性的なこだわりスタイルの印象が最も強く、女性らしい愛されスタイルの印象は最も弱いです。同性からも好感のイイトコ取りスタイル(**B**)およびハイセンスで強い女らしさを持ったスタイル(**C**)は、その中間に位置しています。前者はややきれいなフェミニンスタイル(**A**)に寄り、後者はやや大人のこだわり、個性的でオシャレなスタイル(**D**)に近い特徴がわかります。さらには、これらがほぼ等間隔に直線上に並んで

表3-3　各主成分における主成分得点による着装パターンの序列

第１主成分		第２主成分		第３主成分	
女性らしい 愛されスタイル		個性的な こだわりスタイル		ブランド意識が支える 華やかさスタイル	
着装パターンA	0.501	着装パターンD	0.419	着装パターンA	0.603
着装パターンB	0.226	着装パターンC	0.117	着装パターンB	0.086
着装パターンC	-0.248	着装パターンA	-0.262	着装パターンC	-0.304
着装パターンD	-0.478	着装パターンB	-0.275	着装パターンD	-0.386

いる特性が読み取れます。スタイル(A)～(D)は、無作為に選定した着装パターンではありますが、結果として明瞭な序列が現れており、スタイルとしての代表性を備えていると言えます。これまでの考察が妥当であることを示しています。

着装パターンの違いによる第1主成分における主成分得点の差の分散分析の結果を表3-4に示しました。チューキー検定による平均値の差の有意水準を示してあります。

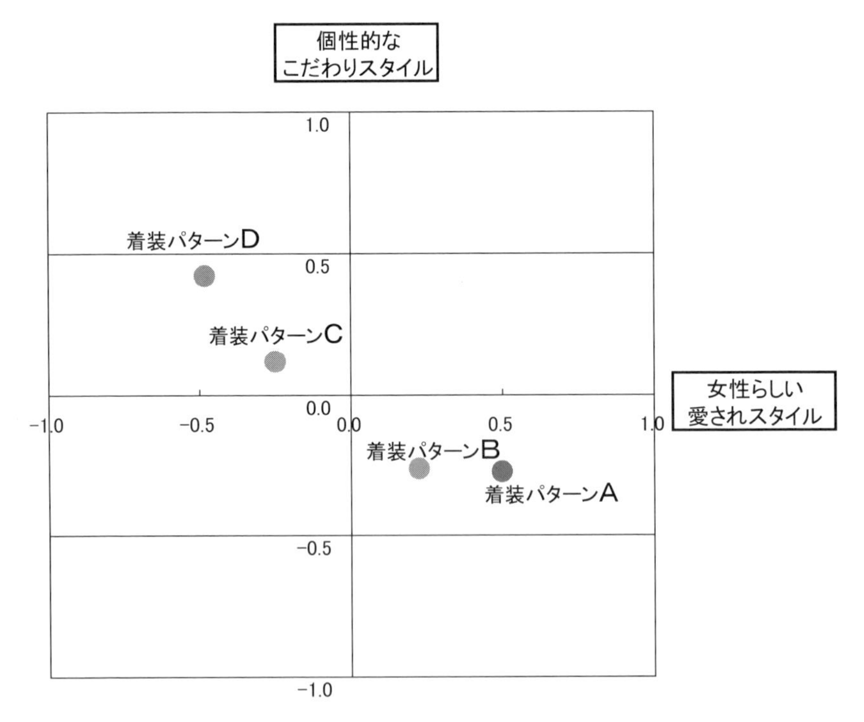

図3-2　第1主成分および第2主成分における主成分得点平均値の関係

表3-4　着装パターンの違いによる第1主成分における主成分得点の差の分散分析

	着装パターンA	着装パターンB	着装パターンC	着装パターンD
着装パターンA		－	＊＊	＊＊
着装パターンB	－		＊＊	＊＊
着装パターンC	＊＊	＊＊		－
着装パターンD	＊＊	＊＊	－	

＊＊p<0.01
チューキー検定

表3-5　着装パターンの違いによる第2主成分における主成分得点の差の分散分析

	着装パターンA	着装パターンB	着装パターンC	着装パターンD
着装パターンA		－	＊＊	＊＊
着装パターンB	－		＊＊	＊＊
着装パターンC	＊＊	＊＊		＊
着装パターンD	＊＊	＊＊	＊	

＊＊p<0.01
＊p<0.05
チューキー検定

表3-6　着装パターンの違いによる第3主成分における主成分得点の差の分散分析

	着装パターンA	着装パターンB	着装パターンC	着装パターンD
着装パターンA		＊＊	＊＊	＊＊
着装パターンB	＊＊		＊＊	＊＊
着装パターンC	＊＊	＊＊		－
着装パターンD	＊＊	＊＊	－	

＊＊p<0.01
チューキー検定

第1主成分である女性らしい愛されスタイルでは、＊＊で示したところに平均値の差に有意水準0.1％で統計学的有意性が認められました。

同様に着装パターンの違いによる第2主成分における主成分得点の差の分散分析の結果を表3-5に示しました。

第1主成分を横軸に取り、第3主成分を縦軸に取り、図3-2と同様に示した散布図が図3-3です。図3-3において、きれいなフェミニンスタイル(**A**)は女性らしい愛されスタイルの印象・ブランド意識が支える華やかさスタイル

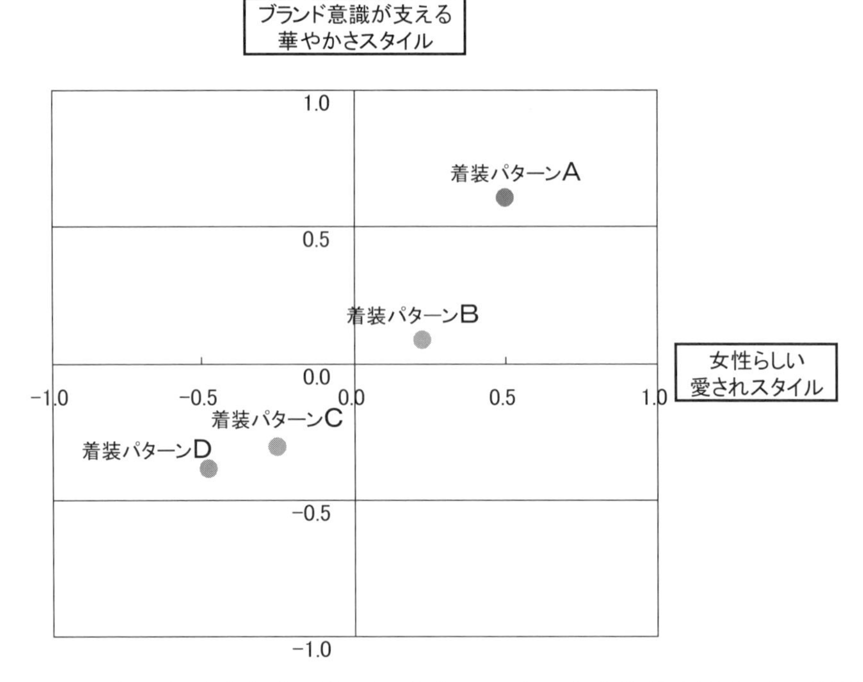

図3-3　第1主成分および第3主成分における主成分得点平均値の関係

の印象が共に最も強く、大人のこだわり、個性的でオシャレなスタイル(**D**)は女性らしい愛されスタイル・ブランド意識が支える華やかさスタイルの印象が共に最も弱いものとなっています。4種類の着装パターンの配置の特性は、図3-2と同様です。

着装パターンの違いによる第3主成分における主成分得点の差の分散分析の結果を表3-6に示しました。チューキー検定による平均値の差が有意なところに＊＊印を付してあります。

以上の結果から、表3-3にも明らかなように、きれいなフェミニンスタイル(**A**)と大人のこだわり、個性的でオシャレなスタイル(**D**)とは相互にコントラストの強い存在と言えます。被験者である女子学生たちの評価は、類型化ファッションの特徴を充分に識別しており、個々のファッションコーディネートをバラバラに見ながら、共通の印象効果が存在することを示しています。こうしたことをこの章で実証したと結論されます。

4. コーディネートで印象が変わることが検証できました！

時代によっても若い女性の着装スタイルは変化していきますが、時代に即した着装スタイルの印象要因を評価するためこの章では図3-4に示す解析アプローチをとりました。この検討では女子学生を対象にして着装のイメージを分類し、実施しました。従って、この結果には、若い女性の意識という限定があります。しかし、もちろんより高い年齢層の女性でもそれに合った違なる着装分類を行えば、同様の結果が得られると見込まれます。

この章では、わが国の社会システムにおいて経済的にも行動的にも、いわば有力な層を形成している20歳代女性の着装に対する印象の違いを主成分分析により検討しました。その結果、第1に女性らしい愛されスタイル、第2に個性的なこだわりスタイル、第3にブランド意識が支える華やかさスタイルの印象が構成要因として抽出されました。これらの3要因によって全体像の6割程度が説明されることが判明しました。

さらに、この調査では、4種類の各着装パターンが3個の構成要因により明確な位置づけが可能であることを示しました。着装の与える印象は多様

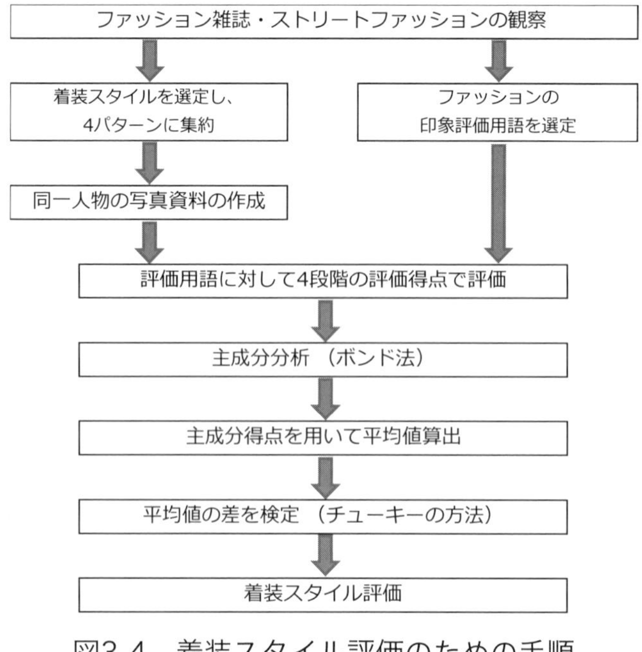

図3-4　着装スタイル評価のための手順

ではありますが、特徴的な印象効果は、受け手に共通因子として受認されていることがここでの考察によって明らかとなりました。こうした結果は、ファッションビジネスにおける基本要諦のひとつを指摘しているのです。

参考文献

1) 神山進『変身行動の消費心理－学生における変身行動の消費心理－』繊維製品消費科学, 49(11), 2008, 777-792
2) 神山進『時辞刻告　被服による消費者の自己拡張－被服は消費者の自己拡張をいかに生み出すか(特集　被服の社会心理学的研究)－』繊維製品消費科学, 52(2), 2011, 92-94
3) 雙田珠己, 村上精一『大学生における衣服の色彩嗜好と選択理由の関連性』繊維製品消費科学, 49(12), 2008, 881-888
4) 西藤栄子, 中川早苗『中高年女性のおしゃれ意識と規範意識』日本家政学会誌, 55(9), 2004, 743-751
5) 大橋正男『おしゃれ度の指標に関する一考察－女子学生の医療に関する国際調査から－』繊維製品消費科学, 54(4), 2013, 328-331
6) 西原彰宏『消費者行動とマーケティング(12)バラエティ・シーキング:その要因と今後の研究の方向性』繊維製品消費科学, 53(11), 2012, 882-889
7) 松岡依里子『ヘアカラー, ピアスにみる身体装飾意識の構造－帰国生徒校と一般校の比較から－』日本家政学会誌, 62(2), 2011, 101-108
8) 森由紀, 山本存, 倉賀野妙子『女子大生のおしゃれ意識がもたらす痩身願望と健康状況:食行動・運動習慣との関連において』日本家政学会誌, 63(6), 2012, 309-318
9) 竹村和久『消費者行動とマーケティング(1)消費者の多属性意思決定とその分析』繊維製品消費科学, 52(11), 2011, 670-677
10) 坂下玄哲『消費者行動のモデル化の試み:歴史的経緯』上智經濟論集, 50(1), 2005, 97-114
11) 梶原勝美『消費者はオールマイティか』社会科学年報, 47, 2013, 59-66
12) 庄山茂子, 青木久恵, 窪田惠子, 栃原裕『異なるデザインの看護服に対する印象評価』繊維製品消費科学, 54(2), 2013, 172-179
13) 孫珠熙, 近藤信子『女子学生の被服行動に影響を及ぼす独自性欲求とファストファッションのイメージ構造』富山大学人間発達科学部紀要, 7(2), 2013, 107-117
14) 高木修『被服と化粧の社会心理学』北大路書房, 1996
15) ミシェル・リー, 和波雅子[訳]『ファッション中毒』NHK出版, 2004
16) 信田知宏『知価時代のブランド戦略』NTT出版, 2002
17) 為家洋子『最新ファッション業界の現在とトレンドがよくわかる本』秀和システム, 2005
18) 石田かおり『おしゃれの哲学』理想社, 1995
19) 熊谷伸子『女子学生および母親の購買行動における意識構造』ファッションビジネス学会誌, 3, 1997,

25-32
20) S.Kumagai, K.Yoshizumi, A.Ogimura『Evaluation of Dressing Conscious of Young Female Students by Factor Analysis』Journal of Asian Regional Association for Home Economics, 5, 1998, 105-110
21) 熊谷伸子『幼稚園児を有する母親の着装イメージの数量化3類による基礎的評価』ファッション環境学会, 8, 1998, 46-52
22) 熊谷伸子『幼稚園児の着装の類型化と母親の意識構造』ファッションビジネス学会誌, 2, 1996, 11-18
23) S.Kumagai, K.Yoshizumi, and A.Ogimura『Evaluation of Dressing Images of Mothers of Children in a Kindergarten by Application of Hayashi's Third Quantification Method』Journal of Asian Regional Association for Home Economics, 6, 1999, 121-129
24) 熊谷伸子『幼稚園児を有する母親の着装の類型化と家族における役割変化』ファッション環境学会, 8, 1998, 38-45
25) 熊谷伸子『現代の家族に関する社会学的検討』ファッションビジネス学会誌, 4, 1998, 43-51
26) 藤原康晴, 藤田公子, 山本雅子『女子学生及び中年女性の服装に関する規範意識と独自性欲求との関連性』日本家政学会誌, 40(2), 1989, 137-143
27) 高岡朋子, 高橋美登梨, 蒲池香津代, 赤根由利子『男子学生の被服行動と生活意識および自己呈示との関連』日本家政学会誌, 64(5), 2013, 253-262
28) 牛田好美『着装行動の生起過程と着装行動の影響に関する社会心理学的研究－着装規範意識と着装行動の機能・効果に着目して－』繊維製品消費科学, 54(6), 2013, 563-569
29) 時田麗子『BOB』髪書房, 9, 2009
30) 時田麗子『BOB』髪書房, 11, 2009
31) 川島蓉子『ビームス戦略』日本経済新聞出版社, 2008
32) 川島蓉子『ブランドのデザイン』文春文庫, 2009
33) 柴田祐加子『BOB』髪書房, 12, 2008
34) 柴田祐加子『BOB』髪書房, 9, 2008
35) 柴田祐加子『BOB』髪書房, 8, 2008
36) 塚田朋子『ファッションブランドの起源』創生社, 2004
37) 藤岡篤子『ファッションラボ』日本色研事業株式会社, 5, 2009
38) 時田麗子『BOB』髪書房, 12, 2009
39) 川島蓉子『TOKYOファッションビル』日本経済新聞出版社, 2007
40) 木村達也『マーケティング活動の進め方』日本経済新聞出版社, 2008
41) 柳井晴夫, 岩坪秀一『複雑さに挑む科学』講談社, 1976, 59-83
42) 豊田秀樹, 前田忠彦, 室山晴美, 柳井晴夫『高等学校の進路指導の改善に関する因果モデル構成の試み』教育心理学研究, 39(3), 1991, 316-323
43) 前田忠彦『日本人の満足感の構造とその規定因に関する因果モデル－共分散構造分の「日本人の国民性調査」への適用－』統計数理, 43(1), 1995, 141-160
44) 豊田秀樹『共分散構造分析による行動遺伝学モデルの新展開』心理学研究, 67(6), 1997, 464-473
45) P.M.Bentler Chih-Ping Chou『Practical Issues in Structural Modeling』Sociological Methods & Research, 16, 1987, 78-117

46) 村石幸正, 豊田秀樹『古典的テスト理論と遺伝因子分析モデルによる標準学力検査の分析』教育心理学会研究, 46(4), 1998, 395-402
47) 塩谷祥子『高校生のテスト不安及び学習行動と認知的評価との関連』教育心理学研究, 43(2), 1995, 125-133
48) 山本嘉一郎, 小野寺孝義『Amosによる共分散構造分析と解析事例[第2版]』ナカニシヤ出版, 1999
49) 穐山貞登『いかにも・なるほど・まさかの社会心理学』川島書店, 1990
50) 穐山貞登, 児玉好信『多様化する人々の欲求』鹿島出版会, 1982

第4章
お母さんと仲良しの程度は
ファッションの購買にどう関わるの？

1. 今どきの母と娘は？

この章では、家族間の関係が購買行動に与える影響[1-9]に着目し、特に、M＆D（mother & daughter）消費という母娘による消費を指す造語が使われるほどに最近注目されている、母娘の関係[10-32]による要因を解明することを目指しています。母娘の関係は購買行動への誘因として重要であり、その親密度合いがマーケットを冷え込みから脱却させる可能性があるのかを明らかにします。

女性の場合は、基本的には、親子の結びつきが幼少期はもちろん青年期以降においても維持され、アイデンティティ発達や心理的適応において、その関係が様々な機能を果たすことが判っています[33-36]。特に、少子化が進んだ日本社会の現状では、兄弟姉妹の数がより少なくなっていることから、さらなる濃密な親子関係へと導かれることが推測されます[33]。さらに、母親と娘との強い関係は、独身の若い娘から結婚した後の層まで広く見られ“2卵性双生児現象”として注目されています[33]。

ここでの着眼点は、自立と依存です。成人期の親子関係においては、相互依存や類似性といったものが強調されていますが[33]、娘は成熟するにつれ、自分を「自主的な個人」と認めない母親の権威に圧迫されます[37]。

家族関係の解釈には別の視点もあります。ホフマンは、青年期の心理的な独立過程として次の4つを挙げています。(1) 機能的独立：両親の援助なく友達と遊んだり、休日を過ごしたりと、個人的で実際的な問題を管理し、それに向かうことのできる能力、(2) 態度的独立：青年と両親間の態度、価値、信念などに関する分化と独自な自己像、(3) 感情的独立：両親からの承認や親密な関係、一緒にいたい気持ち、感情的サポートを受けることに対して過度の欲求にとらわれないこと、(4) 葛藤的独立：両親との関係の中で過度の葛藤的感情（罪悪感、不安、責任感、抑制、憤り、怒り）を抱いていないことです。女子を含めて青年期の若者は、機能面、態度、感情、葛藤的感情面で、徐々に両親から離れていきます。ところが日本の伝統的な母娘関係では、上述の4つの側面における娘の独立は明確に起こっていないようです。実態としては、母親は娘を支配することで、娘に自分への同一化をうながすのですが、このような支配は通常はコミュニケーションによって行われます。しかし、母親によるコミュニケーションには、言葉によらないものも含んでいると言えます[38)]。

これまでも母娘関係の購買行動が百貨店の売上を促進しているなど、母娘の関係はわが国の消費経済にも影響を与えるものとして、注目されてきました[39)]。しかし、単に、購買時の同行者として母と娘が捉えられていることが多く、母娘の社会心理学的関係にまで言及している研究は少ないのが現状です。

この章では、共分散構造分析[40-44)]を適用して、母娘関係によるファッションアイテムの購買行動への影響を明らかにします。

2. アンケート調査をしてみました

調査時期は、2009年12月です。関東圏に在住する18歳から22歳までの女子学生425名を対象に、質問紙による集合調査法で調査を実施しました。具体的な調査項目は、母親と娘の関係に関する7項目、娘の母親との買い物行動に関する13項目です。これらの20項目に対して、「とても当てはまる」、「やや当てはまる」、「あまり当てはまらない」、「全く当てはまらない」という4段階尺度で回答を求め、4点から1点までの評価得点を割り振りました。分析には共分散構造分析(SPSS ver. 14.0)を適用しました。

3. アンケートの結果から何が判ったの？

3-1. 母娘の買い物行動においての気持ちを数量化すると？

1）探索的因子分析

母娘の買い物行動に関する13項目を対象に探索的因子分析を行いました。その意識構造を明らかにします。探索的因子分析では主成分法による因子抽出を行い、バリマックス回転を適用しました。なお、因子抽出は、固有値1.0以上の条件で行いました。その結果、3因子の累積寄与率は43.5%でした。因子負荷量などの統計量は表4-1の通りです。これらの3因子は、それぞれ特徴的な概念を持った因子として理解されました。

第1因子は、「気分転換になる」、「気兼ねなく買い物が楽しめる」、「ストレス発散になる」、「お母さんのアドバイスを聞くようにしている」といった項目から構成されているので『母親との買い物の良好な気分』と解釈しました。第2因子は、「事前に予算が決まっている」「先に買いたいものを調べておく」「とにかく安くて経済的なものを選ぶ」「効率よく買い物を済ませたい」「実用性とか使いやすいものを重視する」、「買い物中は別行動をとることもある」といった経済性を重視した要素で構成されているので、『購入要因としての経済性重視感』と解釈しました。第3因子は、「買うときは即決する」「欲しかったものは必ず手に入れたい」「できるだけ多くのものと比較する」といった項目から構成され、『気に入った商品を取得する執着心』として解釈しました。

母娘に限らず消費行動には様々な影響要因があります[45-49]。基本的には、個人の行動目標や欲求を実現するために、商品を購入したり、サービスを享受したりするための行為が商品選択であり消費行動です。消費者が物を購入する場合の一般的な定義は、選択可能な商品について価値などの情報を知っていること、一定の所得のもとで効用を最大化するような選択行動を行うことが前提とされています[50]。ここで得られた第1～第3因子は、こうした意味付けを反映していると言えます。

2）検証的因子分析

図4-1はこれまで説明した探索的因子分析の結果に基づいて構成した母娘の買い物行動についてのモデルです。つまり、各観測変数は特定の因子に対する評価を行うものであるとする前提に基づきモデルが形成されています。

表4-1　母娘の買い物行動に関する探索的因子分析の結果

変数	母親との買い物の良好な気分	購入要因としての経済性重視感	気に入った商品を取得する執着心
気分転換になる	0.788	0.143	0.183
気兼ねなく買い物が楽しめる	0.760	-0.059	0.096
ストレス発散になる	0.758	0.110	0.223
お母さんのアドバイスを聞くようにしている	0.557	-0.061	-0.249
事前に予算が決まっている	0.107	0.661	-0.063
先に買いたいものを調べておく	0.016	0.578	0.065
とにかく安くて経済的なものを選ぶ	-0.033	0.560	-0.080
効率よく買い物を済ませたい	0.232	0.479	-0.240
実用性とか使いやすいものを重視する	0.050	0.465	0.244
買い物中は別行動をとることもある	-0.085	0.262	0.075
買うときは即決する	0.164	-0.044	0.788
欲しかったものは必ず手に入れたい	0.178	0.247	0.591
できるだけ多くのものと比較する	0.230	0.415	-0.498
固有値	2.27	1.87	1.51
寄与率(%)	17.5	14.4	11.6
累積寄与率(%)	17.5	31.9	43.5

構成概念として前述のように観測変数との関連からそれぞれ、母親との買い物の良好な気分、購入要因としての経済性重視感、気に入った商品を取得する執着心と解釈されます。また解析結果での識別性を確保するため、図4-1に示すように各因子の分散を1に固定しました。

図4-2は推定法に最尤法を使用した因子モデルの解です。標準化された解が示されています。各種の適合度指標は表4-2の通りです。カイ2乗値は814、その確率は有効数字3桁では0.000であり、カイ2乗検定からは十分許容できると言えます。GFIおよびAGFIは、受容の基準とされる0.9をやや下回っています。RMSEAは、基準となる0.1を上回っています。しかし、全体として適合可能と言え、設定したモデルは許容できると考えられます。

一方、検証的因子分析の結果、3つの因子の間にはかなりの強い相関が認められましたので、これら3因子の背後に『母娘の買い物行動』という上位の因子を想定するモデルを考えました。図4-1および図4-2にその仮説も示さ

表4-2　母娘の買い物行動に関する2次の因子モデルによる検証的因子分析の結果

統計量		値
カイ２乗検定	カイ2乗値	814
	自由度	78
	確率	0.000
GFI		0.744
AGFI		0.701
AIC		840
RMSEA		0.149

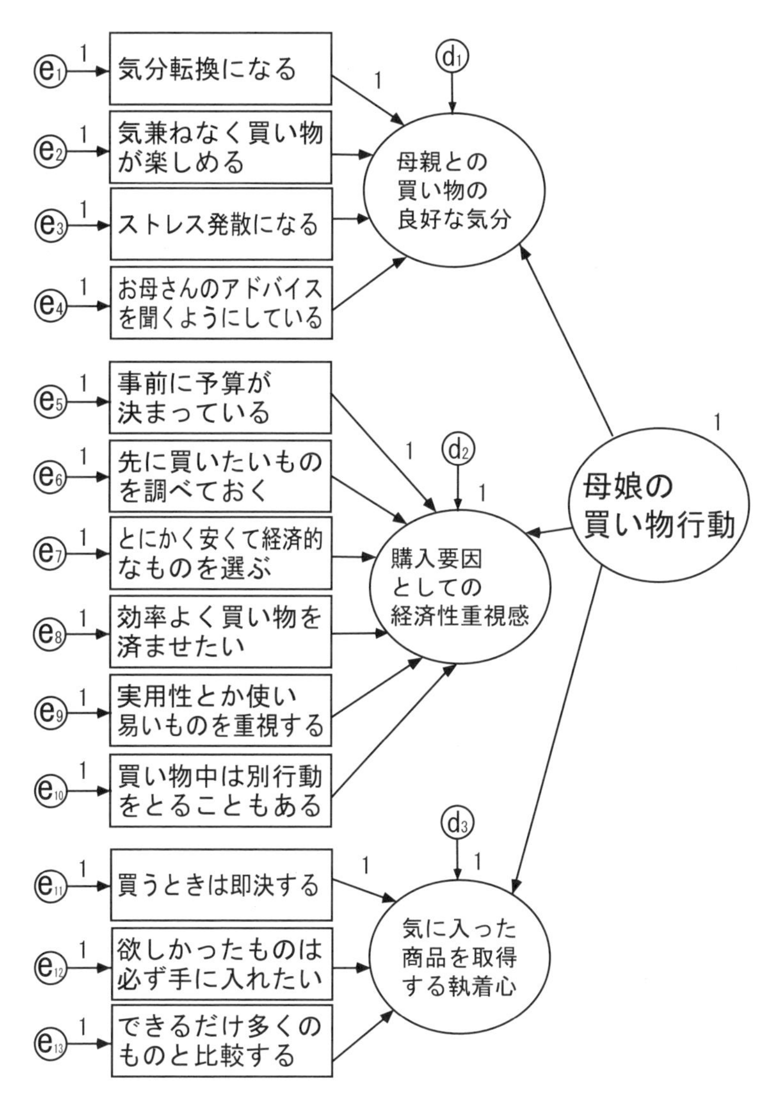

図4-1　母娘の買い物行動についての因子モデル

れています。

計算過程を再確認すると以下のようになります。本モデルは比較的単純なモデルで、識別性の確保は可能と見込まれます。図4-1に示すとおり、3つの因子の分散を1に設定し、各誤差変数の観測変数へのパス係数を1に拘束することにより識別性の確保を試みました。これは共分散構造分析における常用の方法の一つです。この場合、カイ2乗検定の結果やGFIなどの適合度はどちらの拘束条件でもまったく同じであり、標準化解についてはパス係数も同じとなります。このモデルの場合は、分散を固定すると、全てのパス係数についての有意性が調べられる利点があって、より適切と考えられますので、本書ではこの方法を適用しました。

日本の伝統的な母親と娘は、ほかのインターパーソナル・リレーションシップには見られない、特異な関係性を構築しています[38)]。特異とは、(1)「支配と従属」(娘の依存欲求)、(2)「娘に対する母親の期待」、(3)「母親に対する娘の同一化」です。また、母娘関係という関係性は支配と依存関係にあるとも言えます。母親は娘に一方的に母親が決めた理想自己を強要し、娘は、自分の意見と母親が決めた理想自己が同じかどうかを母親に確認するのが日常と考えられます。ここで取りまとめられた図4-2の結果には、こうしたわが国での基本的な意識が表出していると受け止めることができます。

3-2. 母娘の日常的親密関係における気持ちを数量化すると？

1) 探索的因子分析

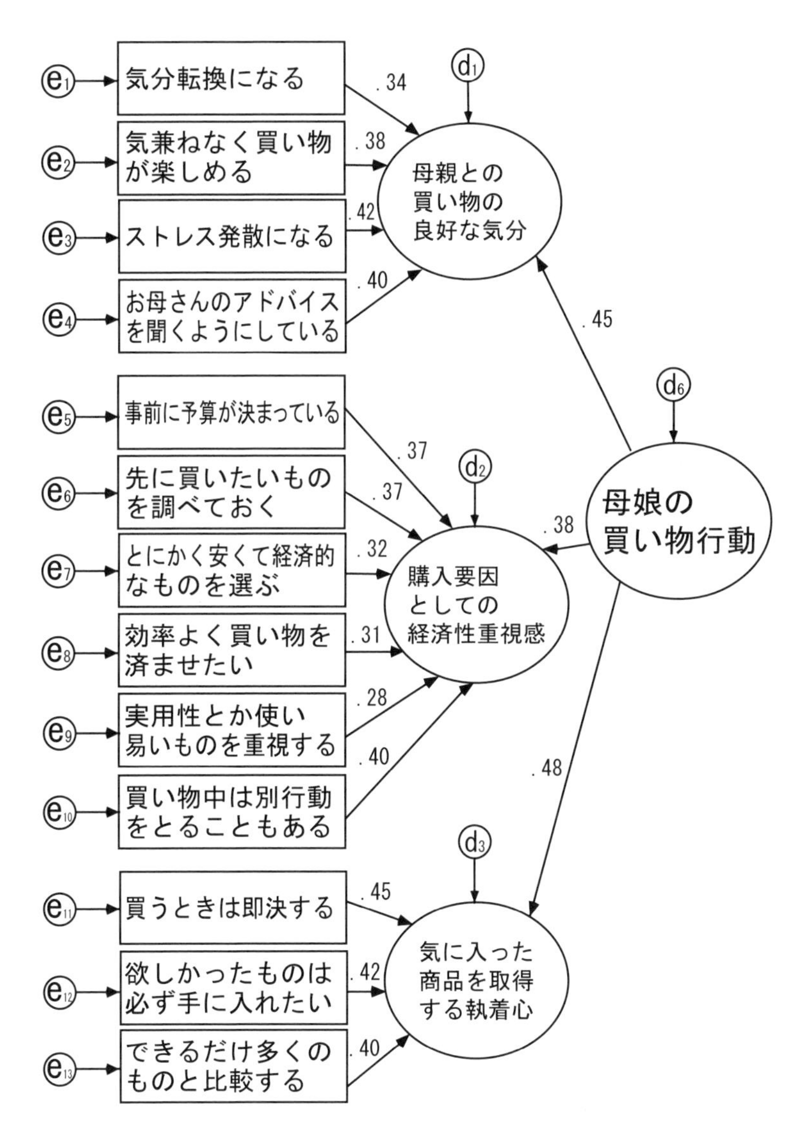

図4-2　母娘の買い物行動についての因子モデルの解

母娘の関係がいかなる因子から構成されているかを明らかにするため探索的因子分析で検討しました。なお、前述と同様に主成分法による因子分析を行い、バリマックス回転を適用して、固有値1.0以上で因子の抽出を行いました。その結果、2因子の累積寄与率は45.3%でした。因子負荷量などの統計量は表4-3の通りです。

第1因子は、「母は私のファッションに理解ある方だ」、「母に学校や友人のことは何でも話せる」、「お母さんと買い物に行く」、「母はブランドに詳

表4-3 母娘の親密関係に関する探索的因子分析の結果

変数	母親との共有感	母親からの自立感
母は私のファッションに理解はある方だ	0.770	-0.144
母に学校や友人のことは何でも話せる	0.705	-0.132
お母さんと買い物に行く	0.573	0.552
母はブランドに詳しい	0.484	0.368
母は私の日常生活や友達関係、服装についてウルサイ	-0.216	0.679
自分だけで買い物に行く	-0.059	-0.680
友人と買い物に行く	0.000	-0.258
固有値	1.70	1.47
寄与率(%)	24.3	21.0
累積寄与率(%)	24.3	45.3

しい」といった項目から構成されていました。従って、『母親との共有感』と命名しました。第2因子は、「母は私の日常生活や友人関係についてウルサイ」、「自分だけで買い物に行く」、「友人と買い物に行く」といった項目から構成されていました。従って、『母親からの自立感』として命名しました。

以上、母親と娘の関係は、この検討においては、母親との共有感と母親からの自立感から構成されていることが明確となりました。この2つの概念の基底には、第1に親子の絆は自立を阻むものではなく、むしろその絆を基盤に自立に向かうと考えられながらも、第2に親からの自立過程と依存に関する問題が横たわっています。つまり、これらは、青年期の発達課題を考える際に古くから扱われてきた重要な問題である[33,51,52)]として論じられてきました。また、母親の娘に対する支配関係では母親自身は愛情だと思って娘に接していることや、服従関係に陥っている娘は、母親に嫌われないように母親の期待に応えようとする良い娘を演じると言われてもいます[42)]。ここでの調査結果はこうした概念の妥当性を裏づけるものです。

2）検証的因子分析

図4-3は上記の探索的因子分析の結果に基づいて構成した検証的因子分析のモデルです。構成概念は、母親との共有感、母親からの自立感です。前述のとおり計算結果の識別性を確保するため、各因子の分散を1に固定しました。

図4-4はその計算結果です。標準化された解が示されています。各種の適

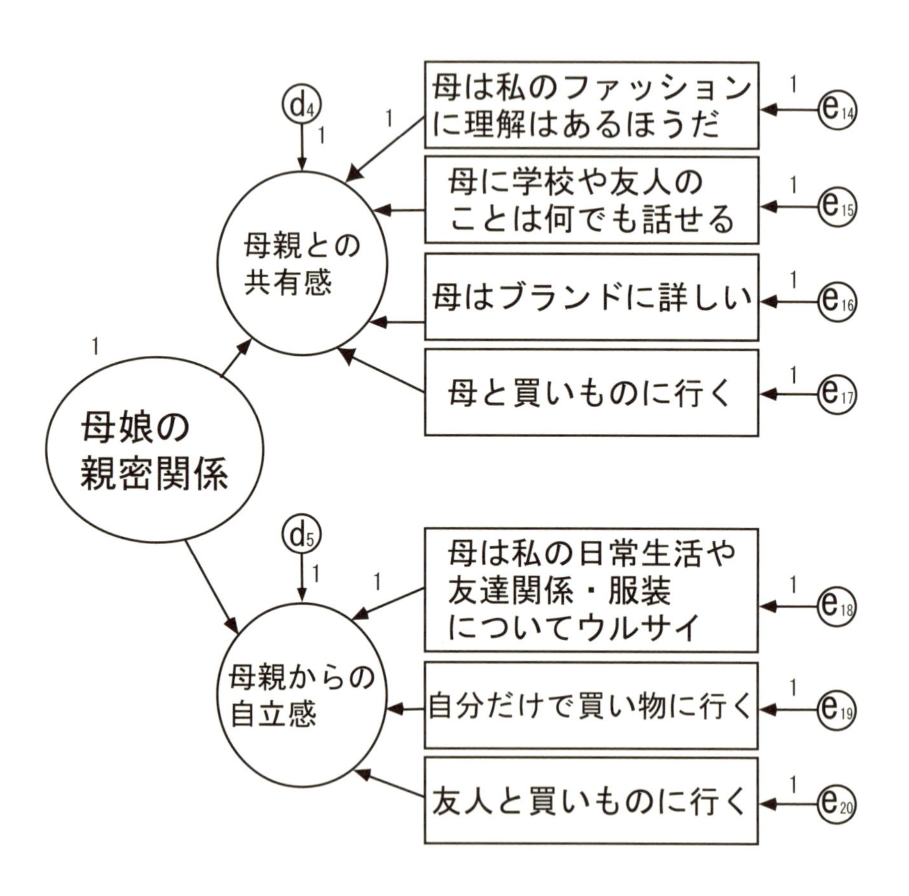

図4-3　母娘の親密関係についての因子モデル

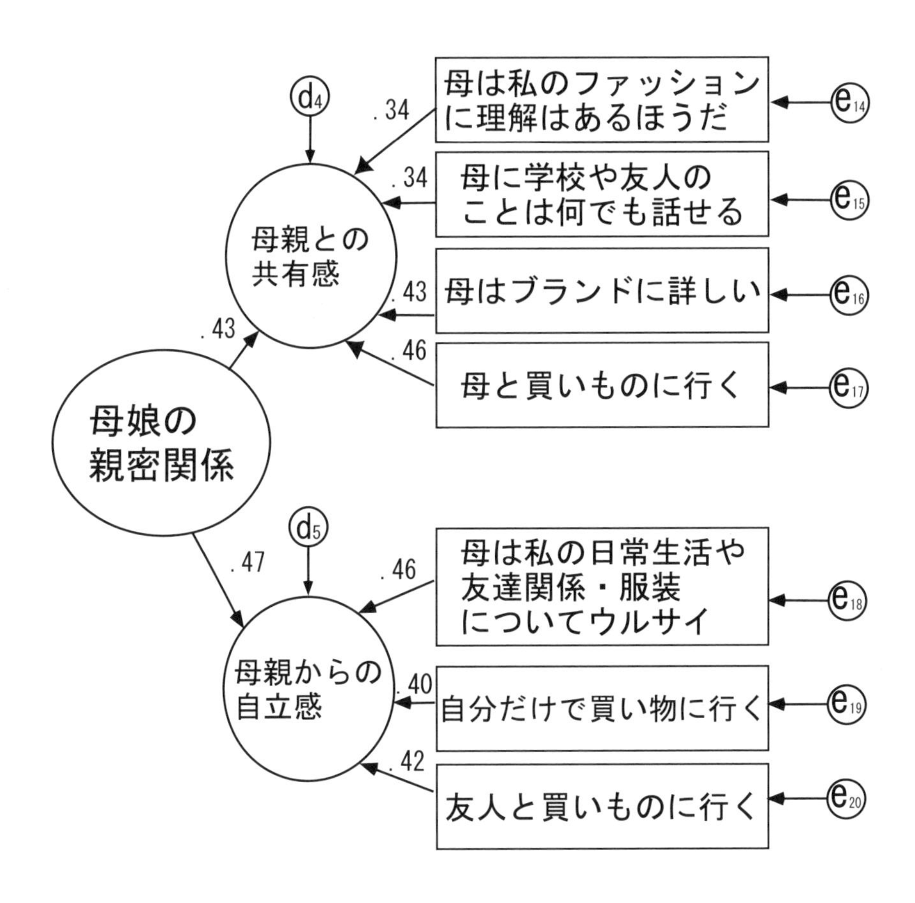

図4-4　母娘の親密関係についての因子モデルの解

合度指標は表4-4の通りです。この場合でも全体としては、本モデルは解析において十分に許容できるレベルにあると考えられます。

一方、検証的因子分析の結果、2つの因子の間にはかなりの強い相関が認められたので、これら2因子の背後に『母娘の親密関係』という上位の因子をさらに想定するモデルを考えました。

これまでの指摘[42]では、成人期の母娘関係尺度は、「親密」、「対等」、「葛藤」の3因子構造からなっているとされています。つまり、母娘関係には愛情や親密といった良好な関係性を示す因子と、葛藤や過保護といった険悪な関係性を示す因子存在が示唆されています。こうした考え方にここまでのモデルは本質的には対応していると言えます。

表4-4　母娘の親密関係に関する2次の因子モデルによる検証的因子分析の結果

統計量		値
カイ２乗検定	カイ2乗値	239
	自由度	21
	確率	0.000
GFI		0.853
AGFI		0.804
AIC		253
RMSEA		0.157

3-3. 母娘の買い物行動と親密関係の因果関係は？

母娘の関係は、購買行動へも影響しているとの仮説に基づき、図4-5に示す因果モデルを構築しました。次いで構成概念の検討と因果関係の検証により母娘関係を検討しました。つまり、本章では、多重指標モデルを使って『母娘の買い物行動』と『母娘の親密関係』の因果関係を明らかにしようとすることに特質があります。その際には、この図のような拘束条件の下に計算を行いました。さらに、モデルの識別性の検討を行いました。

因果モデルの分析の結果は図4-6のとおりです。各種の適合度指標は表4-5のとおりです。カイ2乗値は1432でその確率は有効数字3桁で0.000です。GFIとAGFIはそれぞれ、0.698と0.666でした。これらより、このモデルは全体としては受容できると判断されます。

図4-6の解析結果に基づいて、『母娘の買い物行動』に対する『母娘の親密関係』の影響について見ていきます。まず、『母娘の買い物行動』は「購入要因としての経済性重視感」へのパス係数が最も大きいです。「気に入った商品を取得する執着心」と「母親との買い物の良好な気分」への影響はこれに比べると小さいと言えます。したがって次のように捉えることが可能です。(1) 母娘の親密関係は、「母親との共有感」と「母親からの自立感」の2つの構成概念を考えて捉えることができる。(2) 母親との共有感や母親からの自立感といった面に見られる母娘の親密関係は、母娘の買い物行動に影響を与えると考えることができる。

消費行動には、消費者が理想とする自己を決定するとき、「重要な他者(significant other)」の承認が影響することが指摘されています。重要な他

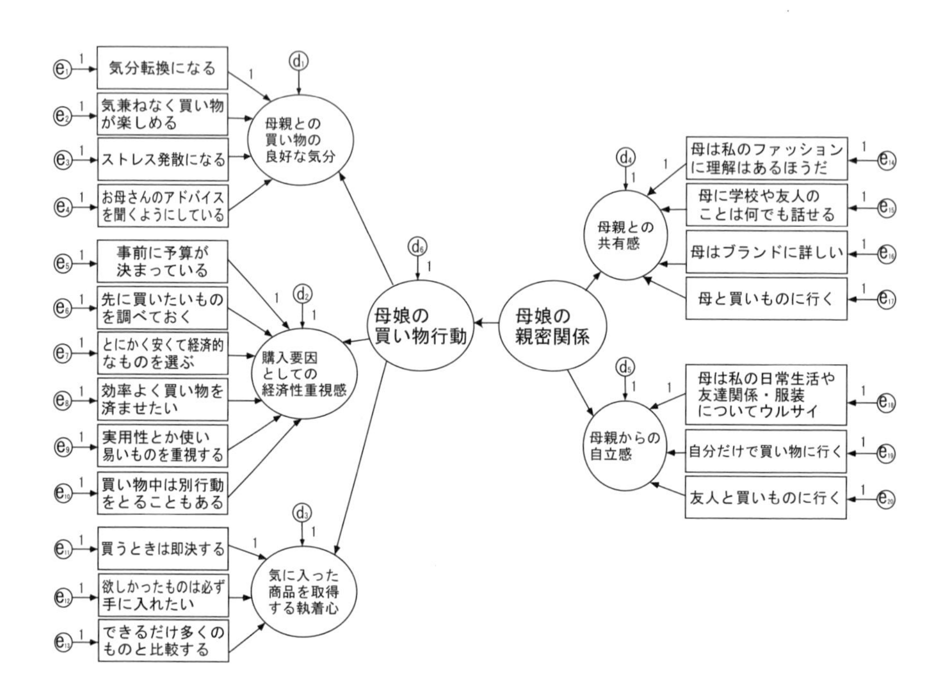

図4-5　母娘の親密関係から母娘の買い物行動への因果モデル

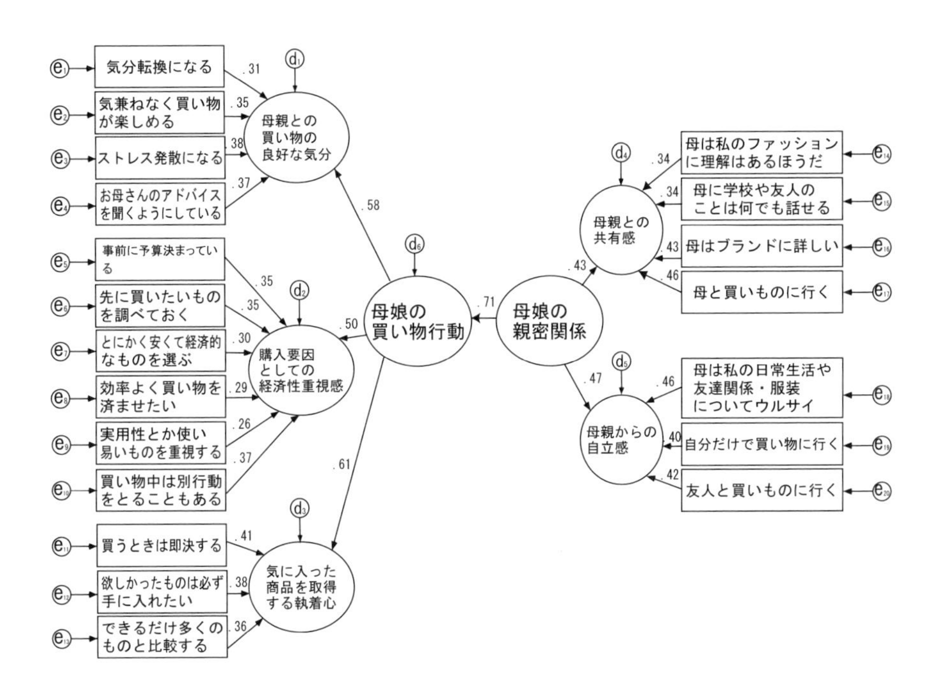

図4-6　母娘の親密関係から母娘の買い物行動への因果モデルの分析結果(標準化解)

者には、両親や先生、友人やクラスメートなどの消費者本人に関係の深い人物に加えて消費者が日常的に接するマスメディアなど、幅広いものがあると言われています[38)]。つまりは、娘の購買行動決定には母親は重要な因子のひとつと言えます。また、商品購入の方法は個人のライフスタイルによっても変化してきています[50)]。

翻ってみれば、消費分野の研究においては、所得、消費支出、貯蓄、物価等を対象とした経済学的なアプローチのみならず、欲求、価値観、ライフスタイル等、消費者の意識や態度を対象にした社会学的・心理学的アプローチが重要と考えられています[50,53)]。

子供は家庭環境や養育態度をどのように受け止めているかによって、発達や行動に具体的な影響を受けます。母と娘の関係性を考える上で、本章で行ったような娘を対象とした調査によって娘からの視点で母親と娘の関係を評価することの意義は大きいです。

表4-5　母娘の親密関係から母娘の買い物行動への因果モデルの分析結果

統計量		値
カイ２乗検定	カイ2乗値	1432
	自由度	190
	確率	0.000
GFI		0.698
AGFI		0.666
AIC		1472
RMSEA		0.124

4. 仲良しだとモノが売れる！

消費を支える牽引役を担っているのは女性の動向であるといわれています。そこで、本章では母娘関係に着眼し、購買行動との関係について明らかにしました。その際に、母と娘で共用着用あるいは相互使用が可能であり、一緒に買い物を楽しむことが多いと見込まれるファッションアイテムの購買行動に注目しました。

母と娘の関係に関する構成概念『母娘の親密関係』においては、「母親との共有感」、「母親からの自立感」という2つの潜在変数を設定し、母と娘の関係とファッションアイテムの購買行動の関係について解析を行いました。また、『母娘の買い物行動』においては、「母親との買い物の良好な気分」、「購入要因としての経済性重視感」、「気に入った商品を取得する執着心」という3つの潜在変数を設定しました。それらに基づき、『母娘の親密関係』と『母娘の買い物行動』という構成概念を設定し、前者が後者の原因となるパスモデルを構築しました。

計算結果として、『母娘の親密関係』から『母娘の買い物行動』へのパス係数として0.71が得られました。つまり、ここでの要因構成においては、母娘の親密度合いにおける変化の程度は母娘の買い物行動の変化の程度に応じて相関係数0.71で変化すると言えます。親密な母娘関係は母娘の購買行動を促すことが共分散構造分析を用いた検討により示されました。

参考文献

1) 井上淳子『購買行動における同伴者の影響:母娘ショッピングの観点から』産研アカデミック・フォーラム, 13, 2005, 29-40

2) 井出幸恵, 磯井佳子, 風間健『衣服購入時に及ぼす諸要因の効果(第1報)－衣服の使用目的と使用者の意識構造との関係－』繊維消費科学, 34(9), 1993, 38-44

3) 井出幸恵, 磯井佳子, 風間健『衣服購入時に及ぼす諸要因の効果(第2報)業態選択の実態と消費者の意識構造－』繊維消費科学, 35(6), 1994, 44-48

4) 井出幸恵, 磯井佳子, 風間健『衣服購入時に及ぼす諸要因の効果(第3報)－購入実態と連想品目間の関係－』繊維消費科学, 35(11), 1994, 56-63

5) Yukie Ide, Keiko Isoi, Ken Kazama『Effect of Some Factors in Buying the Clothes(Part4) － Retail Image Held by Consumers －』Jpn.Res.Assn.Textile.End-Uses, 35(12), 1994, 30-38

6) 堀内雅子『服の消費実態と消費者教育』群馬大学教育学部紀要　芸術・技術・体育・生活科学編, 38, 2003, 95-205

7) 畦川和弘『消費者不安心理の構造分析』総合研究, 21, 2002, 1-18

8) 桁井昌邦, 村上亮, 藤参郎『商業施設選択に関する消費者の意思決定の因果構造モデリング』岡大学経済学論叢, 54(3/4), 2010, 241-256

9) 貞広幸雄『消費者の日常的買物行動における選択肢集合に関する研究』都市計画, 202, 1996, 57-63

10) 香山リカ『母親はなぜ生きづらいか』講談社現代新書, 2010

11) 廣澤愛子『現代女性の自己実現と女性性による癒しに関する一考察～主体的受容性を巡って』大阪大学教育学年報, 7, 2002, 181-191

12) 島谷いずみ『日本における成人期の母娘関係の概念枠組みと測定尺度』社会心理学研究, 18(1), 2002, 25-38

13) 日野淑子『リディア・マリア・チャイルドにおける娘の教育と<母>』東京大学教育学部紀要, 34, 1994, 61-69

14) 高木紀子, 柏木惠子『母親と娘の関係－夫との関係を中心に－, Human Developmental Research』発達科学研究教育センター発達研究, 15, 2000, 79-94

15) 富岡麻由子, 高橋道子『親への移行期にある娘のとらえる母親との関係性:再構築の過程とその要因』東京学芸大学紀要, 56, 2005, 137-148

16) 新美明夫, 永田忠夫, 松尾貴司『初期成人期の母娘関係に関する研究(II):母娘システムの共分散構造分析』愛知淑徳大学論集コミュニケーション学部篇, 6, 2006, 71-82

17) 大森亜紀子『母娘関係における一体感と分離について』京都大学大学院教育学研究科紀要, 48, 2002, 262-270

18) 山岡拓, 竹内太郎, 川島蓉子『母は文化とカネ、娘は最新情報を提供　仲良し母娘の高め合い消費－50代女性とF1層の消費動向調査』日経消費ウオッチャー, 8, 2009, 4-13

19) 矢幡洋『強すぎる母－娘関係に生じる問題(特集　自立する親と子)』児童心理, 54(1), 2000, 28-33

20) 高岡尚子『母－娘関係が語ること－ジョルジュ・サンドの小説作品を通して』Bulletin de la Societe de Langue et Litterature Francaises, de L'Universite D'Osaka, 48, 2008, 31-40

21) 広沢絵里子, 中込啓子, 大羅志保子, 梶谷雄二, 西谷頼子『母 - 娘 - 関係 - 世代間の対立か、あるいは共生か』ドイツ文學, 97, 1996, 214-216

22) 渡辺久美子『女性の対人認知－1－女子短期大学生の自己像, 理想像, 母娘関係』女子美術大学紀要, 18, 1998, 73-106
23) 李絳『The mother-daughter relationship in Amy Tan's The Joy Luck Club』明治大学教養論集, 445, 2009, 175-191
24) 手塚裕子『キャサリン・マンスフィールドと母：母と娘の葛藤』川村学園女子大学研究紀要, 18(1), 2007, 191-203
25) 鈴木峯子『デピネ夫人「反告白・モンブリアン夫人の物語」をめぐって：女性のアイデンティティと母娘関係』京都産業大学論集, 36, 2007, 1-18
26) 大塚由美子『A Mother-Daughter Relationship in the Ariel Poems』Kasumigaoka review, 4, 1997, 81-97
27) 永田忠夫, 新美明夫, 松尾貴司『初期成人期の母娘関係に関する研究：母娘システムとしての分析』医療福祉研究, 1, 2005, 94-113
28) 小高恵『青年期後期における青年の親への態度・行動についての因子分析的研究』教育心理学研究, 46(3), 1998, 333-342
29) Lucy Rose Fischer『Transitions in the Mother-Daughter Relationship』Journal of Marriage and Family, 43(3), 1981, 613-622
30) Jane Flax『The conflict between nurturance and autonomy in Mother-Daughter relationships and within feminism』Feminist Studies, 4(2), 1978, 171-189
31) 石井香江『フロイト理論における母と娘：ジェンダー研究の視点から(後編)』一橋研究, 26(2), 2001, 51-67
32) 永田忠夫, 新美明夫, 松尾貴司『初期成人期にある娘とその母親との関係－母娘システムとしての分析』家族心理学研究, 21(1), 2007, 31-44
33) 北村琴美『成人の娘とその母親が認知する母娘関係と心理的適応との関連：母娘評定のバランスからの検討』人間文化論叢, 5, 2002, 113-122
34) 酒井厚『青年期の愛着関係と就学前の母子関係：内的作業モデル尺度作成の試み』性格心理学研究, 9(2), 2001, 59-70
35) 船越かほる, 岩立志津夫『移行期女性(青年期後期～前成人期)の母娘密着』日本女子大学大学院人間社会研究科紀要, 18, 2012, 31-46
36) 水本深喜, 山根律子『青年期から成人期への移行期における母娘関係：「母子関係における精神的自立尺度」の作成および「母子関係の4類型モデル」の検討』教育心理学研究, 59(4), 2011, 462-473
37) 石井香江『フロイト理論における母と娘：ジェンダー研究の視点から(前編)』一ツ橋研究, 26(1), 2001, 53-176
38) 木村純子, 坂下玄哲『理想自己の決定主体－母娘関係と友人関係のノンバーバル・コミュニケーション比較』経営志林, 46(2), 2009, 11-23
39) 坂下玄哲, 木村純子『母娘の関係性を読み解く－カタログショッピングにおけるコミュニケーションを手がかりに』マーケティングジャーナル, 30(3), 2011, 19-34
40) 豊田秀樹『討論：共分散構造分析の特集にあたって』行動計量学, 29(2), 2002, 135-137
41) 山本嘉一郎, 小野寺孝義『Amosによる共分散構造分析と解析事例』ナカニシヤ出版, 2006
42) 三砂ちづる, 竹原健二, 嶋根卓也, 野村真利香『母娘関係尺度作成の試み』民族衛生, 72(4), 2006, 153-159

43) 孫珠熙, 蒲池香津代, 渡辺澄子『共分散構造分析による日・韓男子高校生のライフスタイルの比較』日本家政学会誌, 61(4), 2010, 231-238
44) 濱口郁枝, 安達智子, 大喜多祥子『大学生の食生活に対する意識と行動の関係について』日本家政学会誌, 61(1), 2010, 13-24
45) 原田妙子『女子学生の身体意識と他者の評価との関連について』繊維製品消費科学, 50(12), 2009, 1072-1078
46) 大枝近子, 高岡朋子, 佐藤悦子『販売員の言葉かけが衣服の購入に与える影響』日本家政学会誌, 60(9), 2009, 791-801
47) 谷口淳一『心理学研究の最前線(その2)対人心理学の最前線(第1回)人に見せたい自分－親密な関係における自己呈示』繊維製品消費科学, 49(3), 2008, 173-183
48) 山本恭子『心理学研究の最前線(その2)対人心理学の最前線(第2回)自分の気持ちがあらわれる？人に気持ちを伝える？－対人関係の中での感情表出』繊維製品消費科学, 49(4), 2008, 248-254
49) 古谷嘉一郎『心理学研究の最前線(その2)対人心理学研究の最前線(第3回)人に気持ちを伝える手段－コミュニケーション・メディアが対人関係に果す役割』繊維製品消費科学, 49(5), 2008, 326-334
50) 児嶋寧代『消費者の心理動向分析』日本大学大学院総合社会情報研究科紀要, 5, 2004, 34-44
51) 大石美佳, 松永しのぶ『大学生の自立の類型と関連要因』日本家政学会誌, 60(10), 2009, 899-907
52) 大石美佳, 松永しのぶ『大学生の自立の構造と実態:自立尺度の作成』日本家政学会誌, 59(7), 2008, 461-469
53) 井出野尚, 竹村和久『消費者行動とマーケティング(3)潜在的認知測定と消費者行動分析』繊維製品消費科学, 53(1), 2012, 22-30

第5章
最強の学問としての統計学をわが手にするには？

本書におけるデータの解析手法のキーポイントを押さえておきます。標準偏差や正規分布という統計学での基本の「き」はネットで調べてください。ここでは分厚い本を読んでもわかりづらいことを説明します。

1. アンケート調査の規模はどうするのか？

人間の意識を調査するための手法として質問紙調査法[1)]を本書では用いました。対象者は具体的には、東京都内の複数の女子大学の学生230～425名規模です。ファッション意識と流行アイテムへの意識では276名、類型化ファッションの識別では230名、母娘関係と購買行動の因果関係では425名です。統計学ではサンプルサイズの増加によって標本誤差は少なくなり、従って手にしている標本の代表性は高まります。標本誤差のレベルを考慮すると、母集団がかなり大きなものと予想される場合でも、ランダムサンプルを300～500ぐらい取れば従来の各種アンケート調査では評価に耐えうるとされています[2,3)]。

また、従来の関連したアンケート[4-6)]では女子大学の違いによる回答内容への影響は認められず、本書においてもないものと考えています。本書での結果には、全体として代表性はあると言いたいです。

2. アンケート結果の数量的扱いに問題がある！

1）間隔尺度と順序尺度とは異なる！

ファッション意識等を解明するには、アンケート紙によって調査対象者の思いを問うことからスタートすることが通例です。その際には、アンケート回答結果における間隔尺度と順序尺度をどう扱うかの問題があります。これは非常に重要な留意点です。

森[7]は間隔尺度について以下のように述べています。「間隔尺度（interval scale）とは、測定対象におけるなんらかの量の差の大きさを測定値間の数値の差の大きさとして表す尺度である。したがって、間隔尺度では尺度の単位がデータの変域にかかわらず一定に保たれている必要がある。つまり、10と9の差と2と1の差が心理的に同じ意味をもっていなければならないのである。一方、間隔尺度では原点が任意に定められているので、たとえば、好悪の程度を表す各カテゴリーに1～5の数値を割り当てても、-2～+2の数値を割り当てても構わない。」と述べています。

さらに小林[8]は、尺度について以下のように述べています。「順序尺度とは、複数の試料に対して、ある特性の属性に着目して順位をつけることにより得られる『ものさし』である。対象としたグループ内での順位づけが可能であり、大小関係が保障される。中央値や順位相関などの統計計算が可能である。間隔尺度とは、順序尺度の順位の違いを『ものさし』上の間隔の違いとして数値化した場合である。平均、標準偏差、ピアソンの相関係数など通常の統計計算が可能である。」と述べています。

本書では、こうした認識に基づきアンケート結果を取り扱いました。

2）統計処理して大丈夫か？

アンケートで得られた評価結果には統計学的吟味が必要とされます。そこには、データのバラツキがあるからです。

先行研究の一つ[9]においては、季節感に関する質問13項目、たとえば、「季節が感じられるところへ旅行などに行く」、「部屋のインテリアを季節によって変える」などの設問に対し、「行っている」に5点、「やや行っている」に4点、「どちらともいえない」に3点、「あまり行っていない」に2点、「行っていない」に1点を与えて数値化しています。これらを間隔尺度として取扱い、クラスター分析、因子分析を行っています。前述のように、これらのデータは、順序尺度にすぎない可能性があり、こうした取扱いへの疑念は否定できません。また、リサイクル意識について[8]も「その通り」、「ややその通り」、「ややそうではない」、「そうではない」の4段階尺度で評価を求め、それぞれに4、3、2、1点を割り振って因子分析を行っています。同様に間隔尺度として扱っていいのか？の問題があります。しかしながら、これらの研究では統計処理が不可欠な研究手法となっているのは明らかです。

3）便宜を重く見る先行研究での扱い！

間隔尺度として、4件法あるいは5件法のアンケート結果を用いることには懸念がありますが、様々な分野の先行研究[11-46]においてアンケート調査の際に順序尺度を用いて評価を行い、それらを得点化し因子分析を行っています。

こうした手法による先行研究におけるアンケート結果の数量的扱いについての事例を前述に加えて、さらに、とりまとめました。

松田ら[47]の研究ではPT（理学療法士）とOT（作業療法士）348名を対象に、脳血管障害者のQOL（Quality of Life: 生活の質）実現を目指したPTとOTの対応に関する質問54項目について5件法で回答を求めています。「賛成」、「やや賛成」、「どちらでもない」、「やや反対」、「反対」の5件法において「賛成」を5点、「反対」を1点とし、1点から5点までの素点化を行い、因子分析（主因子法、バリマックス回転）を行っています。

また、正岡ら[48]の研究では、助産師768名を対象に正常分娩のケアに対する情報に関する質問177項目について5件法で回答を求めています。「常に着目する」（5点）、「かなり着目する」（4点）、「時々着目する」（3点）、「殆ど着目しない」（2点）、「全く着目しない」（1点）の5件法において着目度を測定しています。それらのアンケート結果に因子分析（主因子法、プロマックス回転）を行っています。

一方、田辺ら[49]の研究では、神奈川県内の2つの大学の大学生266名を対象に生活価値観に関する質問45項目について5件法で回答を求めています。「当てはまる」（5点）、「やや当てはまる」（4点）、「どちらとも言えない」（3点）、「あまり当てはまらない」（2点）、「当てはまらない」（1点）の5点評価尺度を用いています。それらに対して因子分析（主因子法、バリマックス回転）を行っています。

以上の通り、各研究においてアンケート結果への得点の割り振りにより、総合的な解釈がなされています。こうした手法により、アンケートの設問ごとの平均値だけに着目する単純集計では得られ難い、質の高いレベルでの考察がなされています。間隔尺度データとして扱うことにより深い内容の検討が可能になっていることが窺えます。

4）本書における解析の視点は？

ある2つの特定条件下で求められたアンケートにおける順序尺度による評価に平均値を求めたり、統計学的有意差の検定にｔ検定を用いたりすることが必ずしも妥当でないことについて本書の著者らは十分に承知しています。何故ならば、そうした評価点が正規分布をなしているとの前提条件の確認が困難であるからです。その場合にはノンパラメトリック検定に拠る必要があります。例え、物理的な測定値であってもｔ検定の適用は疑念を持たれます。

大気環境における有機炭化水素化合物濃度の地域差の検定にはWilcoxon-Mann-Whiteny検定が用いられています[50,51)]。また、著者らによる別報、高機能性繊維インナーの着用感[52)]では、Wilcoxon-Mann-Whiteny検定を用いました。こうした評価での目的とすることは、前述の例では大気汚染物質の地域差の有無、あるいは、高機能性繊維による快適感の有無を明らかにすることにあり、いわば顕在化した評価値そのものの検討です。2つの条件での平均値に差があるか？ないか？だけが問題のすべてです。

ところが、本書で扱っているような多数の質問項目からなる4件法ないしは5件法によるいわば官能評価を実施する場合には、得られる評価点に基づき、そこに存在していると見込まれる潜在因子を明らかにしたいのです。多くの先行研究[11-46]に倣う視点に立って解析したいのです。

順序尺度を間隔尺度と見なすことには懸念があることは、既に述べましたが、福森[53]によると「順序尺度（ordinal scale）とは、特性に順序を与えたものである。通常は順序尺度にt検定を適用できないが、アンケートを5段階や7段階以上でとる場合は便宜上間隔尺度と見なして適用することもある」との記述があります。

あるいは、中島[54]の研究においては「“非常に嫌い”から“非常に好き”に与えられた評点は、本来順序尺度をなすものである。しかし、計量心理学領域でのセマンテック・ディファレンシャル法（SD法）では間隔尺度を満たすものとして取り扱われており、因子分析法などの量的データに対する多変量解析法も適用されている。」との記述があります。本書は、こうした考え方はファッションに関わる潜在意識を明らかにするための手法として有用であると考えています。アンケート結果に多変量解析を積極的に活用すべきという考えが、本書の著者らの立ち位置です。危険性緩和の担保には次のような力強い記述もあります。

森[7]によると、「ある刺激に対する好悪を“非常に好き”、“やや好き”、“どちらともいえない”、“やや嫌い”、“非常に嫌い”といったカテゴリーによって回答させたデータも、この5つのカテゴリーには順序性が存在する。このようなデータに関しては、一般的に各カテゴリーに1～5などの等間隔な数値を割り当て、間隔尺度のものとして分析が行われることが多い。あくまで各カテゴリー間の好悪の程度の差が心理的に等しいと仮定したうえでの処理であり、厳密にはこのような仮定が妥当であるという保証はない。したがって、これらのデータは順序尺度のものとして分析した方が安全なのであるが、種々の、かつ、高度な統計的処理が可能になるという理由や、データのもつ情報をより多く利用して検定力の高い検定を行うことができるという理由などから、少々の危険を冒しても間隔尺度のデータとみなして分析がなされているのである。間隔尺度と仮定されうるデータには、標準偏差、t検定、分散分析などほとんどの分析が適用できる。」としています。

5）多変量解析とは？

現代社会において統計学的方法は、学術的、産業上の研究の多くの分野においてその役割がますます重要になってきています[55-59]。例えば、社会学分野ばかりでなく理工学分野でも、正確な測定または観測が困難であるとか、ある事柄が厳密な意味では再現できない、といった問題が生じえます。そのような状況を解析するためにはかなりの不確定性が避け難いです。統計学的方法とは、こうした難題を解析するための助けとなるものです。つまり、ある信頼度の下での傾向や期待値といったものを記述するひとつの手法と言えます[59]。

主成分分析を含めて、多変量解析（multivariate analysis）とは、与えられた多くの変数間の相互関係を考慮しながら、各変数に対し目的に応じた最適な重みを与え、その結果として得られる合成得点を多次元空間に位置付ける解析の手法です。すなわち、複数の変数の相互関連について解釈する解析方法の総称です[60-67]。本書では、基本的にこの考え方に拠って解析を進めています。

本書で例示した3つの調査ではファッション意識を数値化するために主成分分析・因子分析を用いました。これによりファッションに関する潜在意識を探ろうとしています。潜在意識の中には流行意識やファッションをどう感じているかといったファッションの印象評価があります。さらに、その意識をランク付けしたり、類型化しました。それにより感覚を数値的に表現し、いま起こっている事象を理解しやすくしました。これが統計学から得られることの実践的極意と言えます。

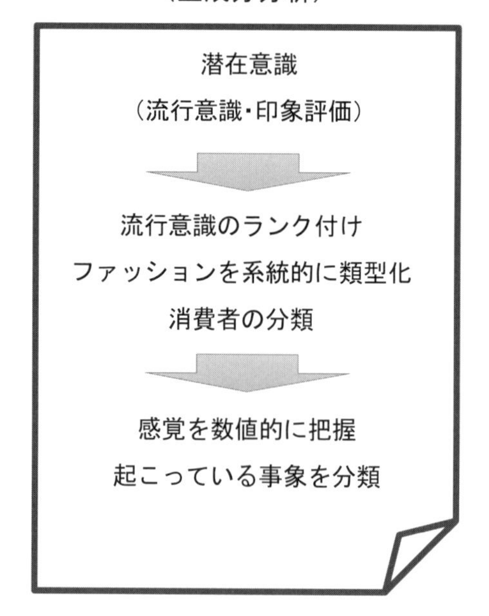

図5-1　ファッション意識の数値化

6）共分散構造分析とは？

構成概念を扱う代表的な分析法に因子分析があります。ただ、因子分析は構成概念と観測値の関係を明らかにするもので、因果関係は扱っていません。一方、因果関係を扱う分析法には回帰分析やパス解析があります。これらでは観測変数の因果関係を扱うだけで、構成概念は扱っていません。

これに対して共分散構造分析は、観測変数と構成概念の両方を扱って、その因果関係を明らかにすることができます。共分散構造分析は、因子分析と回帰分析を一体化した解析法であると理解することができます[68-73]。

因果関係とは、原因とそれによって生じる結果との関係です。例えば、消費者がどのような要因（原因）に基づいてどのような行動をとるか（結果）です。こうした因果関係が把握できれば、これを利用して有効な商品企画・販売活動や広報活動を行うことができます。また、こうしたとき誰もが認める因果関係が存在しても、その関係の度合いは未知である場合が多いのが実情です。想定した因果関係と得られたデータとの間に矛盾が無いかの検討も不可欠です。その上で、因果関係の有無やその形態を理解するに至ります。ファッション・ビジネスの展開では、ファッション意識や購買行動という容易には計測できないものに注目し、因果関係を考察する必要があります。共分散構造分析では、多くの場合に直接計測が難しい構成概念を使って因果関係を調べることが可能です。

構成概念を扱えることが共分散構造分析の特徴です。構成概念とは、実在する計測の対象であり、意味合いははっきりしているものであっても直接的には計測が難しい概念であると説明されます。一方、直接計測できる事柄が全体の位置付けにおける対象として必ずしも明確な意味を持たない場合もあります。このような場合いくつかの計測できる事項から構成概念の形成ができれば、得られた計量値の意味は大きな価値を有することになると言えます。

共分散構造分析におけるモデルの基本は次式で示されます。

因果の結果　←　因果の原因　＋　誤差

これは、因果の結果は因果の原因により決まるものでることを示します。しかし、それだけでは説明できない部分があり、これを誤差として数式化することを意味しています。これを数値解析するには、因果の関係や分散などが推定の対象となります。これらの変動する値を構成するパラメータ（母数）の関数として、構築したモデルから観測変量間の分散共分散行列が求められます。これは共分散構造（covariance structure）と呼ばれます。データから得られる分散共分散行列にできるだけ近くなるように、因果関係などの母数を推定します。このように共分散構造について解くところから、共分散構造分析（covariance structure analysis）の名がつけられています[67,68]。

参考文献

1) 井上文夫, 井上和子, 小野能文, 西垣悦代『よりよい社会調査をめざして』創元社, 1995
2) 社会調査工房オンライン　Website http://kccn.konan-u.ac.jp/sociology/research/01/1_4.html
3) 佐藤博樹, 石田浩, 池田謙一[編]『社会調査の公開データ:2次分析への招待』東京大学出版会, 2000
4) ブリュノ・デュ・ロゼル, 西村愛子[訳]『20世紀モード史』平凡社, 1995
5) 熊谷伸子『主成分分析による女子大学生のラグジュアリーブランド評価』繊維製品消費科学, 46(11), 2005, 693-700
6) 熊谷伸子『女子学生の生活意識の解明とファッション行動』繊維製品消費科学, 43(11), 2002, 766-771
7) 森敏昭, 吉田寿夫『心理学の為のデータ解析テクニカルブック』北大路書房, 1994, 4-5
8) 小林茂雄『官能評価における統計処理の基礎』日本家政学会誌, 62(12), 2011, 805-808
9) 橋本光代, 藤田雅夫, 小林茂雄『女子学生の着装行動の意識と季節感への関心度』繊維製品消費科学, 52(13), 2011, 46-56
10) 橋本光代, 小林茂雄『衣料品の廃棄およびリサイクルの意識と環境への関心度に関する女子大学生と母親の比較』繊維製品消費科学, 51(1), 2010, 61-69
11) 黄正国, 兒玉憲一『がん患者会のコミュニティ援助機能とベネフィット・ファインディングの関連』Palliative Care Research, 7, 2012, 225-232
12) 遠藤寛子, 湯川進太郎『怒りの維持過程－認知および行動の媒介的役割－』心理学研究, 82, 2012, 505-513
13) 田口良子, 阿部祥子, 川本友美, 安田奈緒子『大学生における共食の役割』同志社女子大學學術研究年報, 63, 2012, 111-119
14) 髙本真寛, 相川充行『行使意図を明確にしたコーピング尺度の開発と妥当性の検討』心理学研究, 83, 2012, 108-116
15) 岡本美紀, 武藤慶子『女子大学生の食生活に与える要因の検討』長崎国際大学論叢, 12, 2012, 95-103
16) 福中公輔, 豊田秀樹『因子分析における独自因子構造解析』パーソナリティ研究, 20, 2011, 98-109
17) 金山範明, 大隅尚広, 大平英樹『顔認知能力の個人差に関する検討:日本語版先天性相貌失認尺度, 行動反応, 脳波を用いた検討』認知科学, 18, 2011, 50-63
18) 堤田梨沙, 安達圭一郎『CSDD(Cornell Scale for Depression in Dementia)日本語改訂版の作成:アルツハイマー型認知症患者を対象にして応用障害』心理学研究, 10, 2011, 13-21
19) 江上奈美子『大学生における境界例心性がライフイベントおよび不快・快感情に及ぼす影響』パーソナリティ研究, 20, 2011, 21-31
20) 西田昌彦『基礎物理の授業を受講した学生の達成感とその授業評価・成績との相関・因果関係の分析』工学教育, 59, 2011, 3-10
21) 佐藤大峰, 島森美光『薬剤師の薬歴に関する意識調査の共分散構造分析による解析』薬学雑誌, 131, 2011, 817-825
22) 友尻奈緒美『劣等感とその補償について:質問紙とTATを用いた調査より』京都大学大学院教育学研究科紀要, 57, 2011, 211-224
23) 細田幸子, 三浦正江『大学生版デイリーアップリフツ尺度(DUS)の構成』カウンセリング研究, 44, 2011, 235-243

24) 高坂康雅『共同体感覚尺度の作成』教育心理学研究, 59, 2011, 88-99
25) 福岡欣治『日常ストレス状況体験における親しい友人からのソーシャル・サポート受容と気分状態の関連性』川崎医療福祉学会誌, 19, 2010, 319-328
26) 桾本知子, 山崎勝之『対人ストレスユーモア対処尺度(HCISS)の作成と信頼性, 妥当性の検討』パーソナリティ研究, 18, 2010, 96-104
27) 山田有希子『青年期における過剰適応と見捨てられ抑うつとの関連』九州大学心理学研究, 11, 2010, 165-175
28) 涌水理恵『障害児を療育する家族のエンパワメントに関する研究』科学研究費補助金研究成果報告書, 2010
29) 井合真海子, 矢澤美香子, 根建金男『見捨てられスキーマが境界性パーソナリティ周辺群の徴候に及ぼす影響』パーソナリティ研究, 19, 2010, 81-93
30) 金築優, 金築智美, 及川昌典『感情への恐れとストレス反応の関連性－日本語版Affective Control Scaleの作成を通して－:－日本語版Affective Control Scaleの作成を通して－』感情心理学研究, 18, 2010, 42-50
31) 安保英勇, 石津憲一郎, 菊池武剋, 千葉政典, 猪股歳之『東北大学における学部学生のキャリア意識(3)スキルの自己評価とキャリアレディネス』東北大学大学院教育学研究科研究年報, 57, 2009, 151-163
32) 冨永美穂子, 鈴木明子, 梶山曜子, 井川佳子『中学生のレジリエンスと食生活状況との関連』日本家政学会誌, 60(5), 2009, 461-471
33) 西田昌彦『工学基礎物理の授業において受講動機が授業評価・成績に与える影響の分析』工学教育, 57, 2009, 34-39
34) 鈴木昌, 船曳知弘, 伊藤壮一, 宮武諭, 城下晃子, 堀進悟『初期臨床研修医の専門分野選択に関する調査:男女共同参画の視点から』日本救急医学会雑誌, 20, 2009, 81-190
35) 西野泰代, 小林佐知子, 北川朋子『高学年児童の抑うつに対する社会環境の影響と自己価値の役割』心理学研究, 80, 2009, 252-257
36) 山口孝子, 堀田法子, 下方浩史『主成分分析による幼児へのプレパレーションの影響要因に関する研究』日本小児看護学会誌, 18, 2009, 1-8
37) 板東絹恵, 鎌田智英実, 森陽子『大学生の食行動異常－摂食傾向における性差, ジェンダー差の検討－』日本家政学会誌, 60(4), 2009, 343-351
38) 佐藤安子『大学生におけるストレスの心理的自己統制メカニズム:自覚的ストレスの高低による内的ダイナミズムの比較』教育心理学研究, 57, 2009, 38-48
39) 江口圭一, 戸梶亜紀彦『労働価値観測尺度(短縮版)の開発』実験社会心理学研究, 49, 2009, 84-92
40) 神崎恒一, 村田久, 菊地令子, 杉山陽一, 長谷川浩, 井形昭弘, 鳥羽研二『活力度指標の信頼性, 妥当性および, 活力度指標と加齢, 運動との関連性に関する検討』日本老年医学会雑誌, 45, 2008, 188-195
41) 藤井義久『大学生活不安尺度の作成および信頼性・妥当性の検討』心理学研究, 68, 1998, 441-448
42) 永井智『中学生における児童用抑うつ自己評価尺度(DSRS)の因子モデルおよび標準データの検討』感情心理学研究, 16, 2008, 133-140
43) 加藤麻樹『ホームヘルパーが必要とする福祉情報の共分散構造に関する研究』人間工学, 39, 2003, 65-75

44) 宇多高明, 小俣篤, 浅村享, 富田成秋, 羽成英臣『海岸の物理指標による海岸の雰囲気の定量的評価』海岸工学論文集, 39, 1992, 1086-1090
45) 青木まり, 松井豊, 岩男寿美子『母性意識から見た母親の特徴－ライフ・ステージ, 自己評価, 充実感との関係から－』心理学研究, 57, 1986, 207-213
46) 稲葉秀邦『抑うつ評価尺度の精神医学的研究』昭和医学会雑誌, 43, 1983, 189-212
47) 松田智行, 川間健之介, 長山七七代, 佐藤裕子『脳血管障害者のQOLの向上をめざした理学療法士と作業療法士の対応に関する検討：職種と発症期別リハビリテーションにおける差について』理学療法科学, 25, 2010, 285-290
48) 正岡経子, 丸山知子『経験10年以上の助産師の産婦ケアにおける経験と重要な着目情報の関連』日本助産学会誌, 23, 2009, 16-25
49) 田辺由紀, 田中美紀, 金子佳代子『大学生の生活価値観と食生活に関する研究(第1報)』日本食生活学会誌, 9, 1998, 25-30
50) Ministry of Environment, Japan『Chemical Substances and the Environment, 2004 Edition』Ministry of Environment, Japan, 2005, 208
51) W.Laowagul and K.Yoshizumi『Characteristics of volatile organic compounds with enforcement of Thai air quality standard in Bangkok, Thailand』Journal of Urban Living and Health Association, 53(1), 2009, 19-32
52) 石原世里奈, 芳住邦雄, 倉恒邦比古, 小泉淳一, 倉恒弘彦『高機能性繊維インナー着用における快適感の心拍変動解析評価』日本疲労会誌, 8, 2013, 37-45
53) 福森貢, 堀内美由紀『看護・医療系データ分析のための基本統計ハンドブック』ピラールプレス, 2010
54) 中島順一『食物に対する意識に関する研究：－好き・嫌いのイメージについて－』岐阜市立女子短期大学研究紀要, 53, 2003, 107-110
55) Rona Moss-Morris, John Weinman, Keith Petrie, Robert Horne, Linda Cameron, Deanna Buick『The Revised Illness Perception Questionnaire(IPQ-R)』Psychology & Health, 17(1), 2002, 1-16
56) Brandon, Thomas H., Baker, Timothy B.『The Smoking Consequences Questionnaire:The subjective expected utility of smoking in college students』A Journal of Consulting and Clinical Psychology, 3(3), 1991, 484-491
57) Francois Servaas de Kock, Gina Gorgens, Thamsanqla John Dhladhla『A Confirmatory Factor Analysis of the General Health Questionnaire(GHQ-28)in a Black South African sample』Journal of Health Psychology, 2013, 652
58) Jhon E.Bates, Kathryn Bayles, David S.Bennett, Beth Ridge, Melissa M.Brown『Origins of Externalizing Behavior Problems at Eight Years of Age』The Development and treatment of Childhood aggression Psychology Press, 2013, 93-105
59) Burington Richard Stevens, May, Donald Curtis, 林知己夫, 脇本和昌[訳]『確率・統計ハンドブック』森北出版, 1975
60) 柳井晴夫, 岩坪秀一『複雑さに挑む科学』講談社, 1976
61) 豊田秀樹, 前田忠彦, 室山晴美, 柳井晴夫『高等学校の進路指導の改善に関する因果モデル構成の試み』教育心理学研究, 39(3), 1991, 316-323
62) 前田忠彦『日本人の満足感の構造とその規定因に関する因果モデル－共分散構造分の「日本人の国民性調査」への適用－』統計数理, 43(1), 1995, 141-160

63) 豊田秀樹『共分散構造分析による行動遺伝学モデルの新展開』心理学研究, 67(6), 1997, 464-473
64) P.M.Bentler Chih-Ping Chou『Practical Issues in Structural Modeling』Sociological Methods & Research, 16, 1987, 78-117
65) 村石幸正, 豊田秀樹『古典的テスト理論と遺伝因子分析モデルによる標準学力検査の分析』教育心理学会研究, 46(4), 1998, 395-402
66) 塩谷祥子『高校生のテスト不安及び学習行動と認知的評価との関連』教育心理学研究, 43(2), 1995, 125-133
67) 山本嘉一郎, 小野寺孝義『Amosによる共分散構造分析と解析事例[第2版]』ナカニシヤ出版, 1999
68) 山本嘉一郎, 小野寺孝義『Amosによる共分散構造分析と解析事例』ナカニシヤ出版, 2006
69) Jhon E.Bates, Kathryn Bayles, David S.Bennett, Beth Ridge, Melissa M.Brown『Origins of Externalizing Behavior Problems at Eight Years of Age』The Development and treatment of Childhood aggression Psychology Press, 2013, 93-105
70) Timothy A.Brown, Thomas F.Cash & Peter J.Mikulka『Attitudinal Body-Image Assessment:Factor Analysis of the Body-Self Relations Questionnaire』Journal of Personality Assessment, 55(1-2), 1990, 135-144
71) James C.Hayton, David G.Allen, Vida Scarpello『Factor Retention Decisions in Exploratory Factor Analysis:a Tutorial on Parallel Analysis』Organizational Research Methods, 7(2), 2004, 191-205
72) David L.Streiner, PH.D.『10 Figuring Out Factors:The Use and Misuse of Factor Analysis』A Guide for the Statistically Perplexed:Selected Readings for Clinical Researchers University of Toronto Press, 2013, 110-122
73) Carol Mo, B.Psych., M.Psych, Frank P.Deane, B.Sc., M.Sc., Ph.D., Geoffrey C.B.Lyons, B.Sc., Ph.D., Peter J.Kelly, B.Sc., Ph.D.『Factor analysis and validity of a short six-item version of the Desires for Alcohol Questionnaire』Journal of Substance Abuse Treatment, 44(5), 2013, 557-564

第6章
マーケティングにすぐにも役立つQ&A

Question：ファッション意識という難しいテーマによく挑戦されたと思いますが、ところで本書で判ったこととはどのようなことでしょうか?

Answer：女子学生のファッション意識として、類型化されたファッションを十分に識別しているということ、つまり、着装の与える印象は個々に多様ではありますが、それによる特徴的な印象効果は受け手である女子学生に共通因子として認識されていることが明らかとなりました。

Question：ではその中で最も価値のあるところはどこですか？

Answer：すべてに価値があります。特にと言われれば、母娘の親密関係と購買行動との因果関係を数量的に導いたことが、類書にない新しい知見を示す課題であり、最も価値のあるところだと思います。母親の存在が女子学生のファッション購買行動にいかに影響するか、いままで経験的にしか語られてこなかったこの関係について、直接的な影響を数値化しました。

ファッション自体はその性質上一過性である面があります。しかし、ここでの母娘関係の結果は一過性とは考えられません。女子学生という、この時期特有の意識構造を明らかにできたと思います。

母娘関係については、親子の結びつきや家族関係の解釈といった視点で研究がこれまで行われてきました。また、共分散構造分析を適用した例もありましたが、母娘の絆や相互支援といった関係についてに留まっていて、本書のようにファッションアイテムの購買行動への影響を明らかにしたものはありませんでした。ファッションというテーマで母娘関係の因果関係を数量的に明らかにしたのが最大のポイントであると言えます。母親の直接的な影響を数量的に示し得たことは本書におけるもっとも重要な知見の一つです。

本書での結果から若年女子が流行を支えていると結論しましたが、さらに言えばその若年女子に影響を与える中年女子も消費を牽引している存在であると言えます。

Question：率直に言って、本書における調査においての欠点は何ですか？
Answer：女子学生だけを対象としていることです。18～22歳の女子学生という特定な社会階層を調査対象としており、被験者の構成の影響を受けざるを得ず限定的とも言えます。

しかし、一方で、この世代はファッション消費においては重要な層であることは明らかです。本書ではこの層の特性として、類型化されたファッションを識別しているということ、瑣末的なことも流行として敏感に感じていること、また、この層向けのファッション雑誌において他の世代向けに比べて、流行アイテムひとつひとつが大きく取り上げられていることなどを明らかにすることができました。これらの特性をファッション意識とファッション雑誌から具体的に検証しました。さらには、限定的対象である女子学生、その世代に特有な意識構造、つまり母親の存在がファッション行動に大きく影響しているという結果も得られました。母親について影響の受け手であるこうした時期の女子学生の側から評価することの意義は小さくないものと考えらます。

Question：ではその問題点を今後どのように解決するのですか？

Answer：今後、オファーをいただければ、他の世代を対象にした調査にも取り組みたいと考えています。本書では若い女性の意識調査に止まっていますが、たとえば、着装のイメージを分類し調査する場合に、今回のようなアプローチ手法をとれば、より高い年齢層の女性での結果が得られます。有用な取り纏めが見込まれます。

現代の女性の多くはミセス・キャリア・ＯＬ服といった年齢別のカテゴリーに違和感があり、従来の世代別でカテゴライズしたＭＤに魅力を感じなくなってきています。年齢に関係なく好きな服を着るボーダレス女性が増えてきており、店頭感覚とのズレが生じているとも言えます。一方で、いまファッションの中心となっている女子大生を含む若年女子の世代は、これからの消費の核となる存在です。この先は、設定されているマーケットに消費者が合わせて行くのではなく、各世代にあわせて共に進化し成長していくマーケットが必要とされていると感じています。各世代の特性、つまり、どんな時代を過ごし、どんな着装が流行していたか、またその人びとの購買行動を把握し、成熟した世代を迎える準備をしておくのも、今後のアパレル産業にとって重要な課題であると言えます。

本書の中心となっている著者らは、ファッションを消費する中心の層の当事者の一人である！ということは、今後のファッションの移り変わりと消費者意識を敏感に感じ取り、この世代と共に成長していく立場にあると考えます。たとえば、ヤング層のファッション情報だけでなく、今後、他の世代のファッション情報を解析することは、日本におけるファッション産業全体を理解し活性化させることにつながると考えています。今後の著者らの調査活動で明らかにできればと思っています。

Question：アンケート結果を間隔尺度として扱うことに問題はありますか？
Answer：多少あると思います。アンケートで答えてもらった評価では、「そう思う」「まあそう思う」「あまりそう思わない」「思わない」といったカテゴリーによって回答を得ています。この4つのカテゴリーに対しては順序が存在します。しかし、このようなデータに関しては一般的に1〜4などの等間隔な数値を割り当てて間隔尺度のものとして分析が行われることが多いのが実情です。あくまで各カテゴリー間の好悪の程度の差が心理的に等しいと仮定したうえでの処理であり、厳密にはこのような仮定が妥当であるという保証はありません！そこが問題点であると思います。したがって、これらのデータは順序尺度のものとして分析した方が安全ではあります。それでもなお、高度な統計的処理が可能になるという理由や、データの持つ情報をより多く利用して検定力の高い検定を行うことができるという理由から、少々の危険をおかしても間隔尺度のデータとみなして分析を進めるのが妥当であるというのが、本書の著者たちの考えです。

Question：平均値の差の検定に t 検定は使えないということでしょうか？

Answer：アンケートの回答は、正規分布を前提としていないのでｔ検定は使いづらいと思います。本書ではウィルコクソン・マンホイットニーの順位和検定を用いました。つまり、本書においては、ファッションアイテムの流行度合いの評価得点において、流行追随意識の高い学生と、低い学生の2つのグループに差があるかどうかについて、2つの母集団に正規性を仮定しないノンパラメトリック検定を適用しウィルコクソン・マンホイットニーの順位和検定を用いました。

Question：本書にあるトレンドは、今後の予測に使えるのでしょうか。バギーパンツとマキシ丈ワンピースの次の流行はいつですか？
Answer：ファッション雑誌の写真掲載数による時系列推移のグラフには傾向があります。そこから予測することは出来ると思います。

マキシ丈ワンピースは1974年に流行したロングスカートに、バギーパンツは1971年に流行したパンタロンの再来とも言えます。

マキシ丈ワンピースは1974年のロングスカートの流行から言うと37年後の2011年に爆発的流行となっています。グラフの傾向から言うとこの爆発的な流行は終わりを告げようとしています。マキシ丈というインパクトの強さが印象として残っているので、2011年のような大流行となるには時間がかかると思います。流行として、「最新のもの」であり、なんらかの意味で「目新しい」様式として再認識されるには、少なくとも5年以上はかかりそうです。

一方でバギーパンツにおいては、歴史的な流れの中でも1971年に流行したパンタロンの再来と前述しましたが、1968年ごろからコンテンポラリーなマーケットとして小規模な市場を形成しつつ1970年から市場規模が大きくなり始め1971年に、つまり3年後ですが、流行商品の花形としてクローズアップされています。グラフの傾向をみると2007年の4年後2011年に再び流行が訪れています。次の流行は2015年ないしは2016年ごろでしょうか。

近年ショートパンツ一色であった女子学生の着装スタイルにとって、他者から見れば瑣末なものではありますが、ショートパンツからバギーパンツのへの変化は流行の流れとして認識されています。しかし、パンツの種類の中では、些細な変化とも言えますので、マキシ丈ワンピースほどの強いインパクトは無く、再び流行の兆しが見られるのはより短いサイクルであると言えます。

本書における調査では、写真掲載数を指標とする明瞭な年次変動により流行度合いを数量的に把握することができました。この先については、実際に調査をしてみないとわかりませんが、同様の手法により明らかに出来ると考えています。さらに他のアイテムやこの先の傾向についても今後の著作活動で明らかにしていきたいと思います。その際にすべてのアイテムを対象とするのは難しいと思いますので、今回のようにファッション意識からのアプローチにより対象とするアイテムを絞り込む必要はあると思います。

Question：パス係数についてもう少し説明してください。

Answer：本書で用いた構造方程式は、因果関係を記述する方程式です。

パス図は現象や状態を表す対象、つまり、オブジェクトとその間の関係を表現したものです。パスに対しては、分析の結果としてその因果や相互関係の強さを表すパス係数が求められています。各対象はそれ自身について、平均値と分散を持っており、またその対象間の関係についてはその程度を表す値、つまり、パス係数などを持っています。パス係数は、一方の変数が他方の変数に与える影響の強さと言えます。つまり、本書では母娘の親密関係が母娘の購買行動に与える影響の強さが0.71です。パス係数の範囲はマイスス1からプラス1なので、0.71は影響の大きい値であると言えます。

消費者がどのような要因、つまり、原因に基づいてどのような行動をとるのか？という因果関係を把握できれば、これを利用して有効な商品企画、販売活動や広報活動を行うことができます。誰もが認める因果関係が存在する場合でも、その関係の度合いは未知である場合が多いですが、ここでは直接的な影響力をパス係数によって明らかにしました。

Question：パス係数とは数学的には何ですか？決定係数ですか？
Answer：決定係数ではなく、相関係数です。決定係数は、独立変数が従属変数のどれくらいを説明できるかを表す値ですが、ここでは、2 つの潜在変数の間の相関を示す統計学的指標である相関係数です。2 つの潜在変数は正の相関があるといえます。母娘の購買行動の変化の程度は、母娘の親密度度合いにおける変化の程度に応じて相関係数0.71で変化すると言えます。

Question：アンケートをとりさえすれば本書で示されたような結果はすぐに得られるのでしょうか？

Answer：見かけより難しいと言えます。著者らの場合は、このような成果を出すのにとても苦労しました。アンケート調査で、いいデータを得るにはそれなりの準備が必要です。また、被験者から得た回答の有意性を確保するために、人数規模をある程度大きくとる必要があります。

アンケートとは意識調査のツールです。どのような意識を明らかにしたいかという目的を持って行うものです。対象となる人びとに適切な質問をすることが重要です。有益な情報を得るには、ランダム性を考慮しながらも目的に沿った設問を準備する必要があります。

本書におけるポイントは、ファッション情報をどのように受容しているのかの解明です。したがって、女子学生の感覚に沿った、かつ、網羅性のある設問が必要です。女子学生の生活者ベースの言葉を用いた妥当な選択肢から、潜在化している要因を抽出することが不可欠です。しかし、ファッションという幅の広さのある対象を言語という限定的表現による設問によって意識調査を行うという困難さが本質的に存在します。そのための対応策として用語の設定には、予備調査を経て絞りこみも必要です。

一つ一つの設問を疑問に思って、悩んで丸をつけられないようなアンケートではいい調査はできません。答えてくれる女子学生にわかりやすく的確な表現、疑問を感じることなく答えられる、直接的すぎない、はっきり言いすぎない設問とすることが極意です。それと共にアンケート回答者の集中力の持続をも留意し、適度な設問数にする必要があります。

解析においてもこのような結果が必ずしも、すぐに出せたのではありません。もちろん、仮説や目的はありましたが、全体としてどういうことが言えるのかは実際分析してみないと判らないですし、何度も解析を繰り返し、データ全体をうまく活用できないかを考え、試行錯誤する必要があります。潜在意識をまとめる時も、ここから何が言えるのかを考えるのに努力を要します。

Question：質のいいアンケート結果とそうでないものがあると言うことですか？
Answer：何を目的にするかによりますが、実際には質のいいアンケートをとるには実施する側の熱意が、アンケートに回答してくれる人たちに伝わる必要があると思っています。

女子大学で教員として働いて来ましたが、女子学生が答えたアンケートから何らかの意識をとりまとめることの難しさを実感しています。

あとがき

ファッションって流行のことでしょ？と言われると、えっえ〜、そうですと答えてしまいそうな私たちですが、本書のファッションとは、流行している衣服のことです。百貨店やショップで扱っているLadies' Fashionとは、もちろん、いま流行りの婦人服のことです。そこで、流行なるものを商品として販売しているわけではないのです。

とらえどころのないと思われる流行ですが、あれだけ流行ったマキシ丈スカートも、縦縞のミニスカートも、透け感のある黄色のブラウスも次の年の女子大キャンパスでは、見かけないのです。もう、誰も着て来ないのです。それが、流行というものなのです。

ファッションについての著作はこれまでにも多数に昇ります。それぞれの専門の立場から、たとえば、素材、デザイン、流行色、歴史あるいは企業戦略など多岐にわたる分野の刊行物がすでにあります。そうした中で、敢えて、私たちは、無謀にもファッション本を出版したいと考えたのです。

アメリカ映画“The devil wears Prada”からの刺激も大きいです。Fashion Magazineの凄腕編集長に仕える田舎出の秘書さんの気分に寄り添っているつもりです。自分の青色のスカートをgrandmother's skirtと揶揄される、一方で、新色Turkish blueの深みが判らないのかと面罵される場面があります。瑣末性こそが流行の本質のひとつと念押しされ、感銘した私たちでもあります。私たちもファッション本を書いてみようと思い立ったのです。でも、私たちのひとりは、Runwayでかわいい Fashion model たち

共立女子大学芳住研究室(2013年12月14日帝国ホテル桜の間)

に取り囲まれたい気分が執筆の動機になっているふしもあります。

本書の題目は、ダンガリーシャツ並みに、私たちにとって大き目ですが、深い意味があるわけではありません。

ファッション関連用語をInternetで検索しても、net通販サイトと断片的なblogばかりと言えそうなのが現状ではないでしょうか。Street fashionも系統立てて考察されたものは見当たりません。まだまだ、この分野でやるべきことはいっぱいあると思われます。

浅学菲才の私たちがまとめたものですから、拙い文使い、誤謬、錯誤、欠落などご叱声の種は尽きないと存じます。ご教示を乞うしだいでございます。

この本が出版できたのは、共立女子大学芳住研究室に縁により集ってきた皆様のお力によるものです。原麗博士を始め、多くの院生ならびに卒研生に厚くお礼を申しあげます。

熊谷伸子・坂野世里奈・芳住邦雄

著者略歴

熊谷 伸子
文化学園大学服装学部准教授
文化女子大学大学院博士課程修了
博士(被服環境学)(文化女子大学)

坂野 世里奈
共立女子大学家政学部助手(2007-2011)
共立女子大学家政学部卒業
博士(学術)(共立女子大学)

芳住 邦雄
共立女子大学名誉教授
Master of Science(California Institute of Technology)
工学博士(東京工業大学)

ファッション

平成27年2月10日　初版第1刷発行

著者　熊谷伸子　坂野世里奈　芳住邦雄

発行者　谷村勇輔

発行所　ブイツーソリューション
〒466-0848 名古屋市昭和区長戸町4-40
電話：052-799-7391/FAX：052-799-7984

発売元　星雲社
〒112-0012 東京都文京区大塚3-21-10
電話：03-3947-1021/FAX：03-3947-1617

印刷所　藤原印刷

ISBN978-4-434-19933-2